我
思
· COGITO ·

莫斯引论

Introduction
à l'œuvre
de Marcel Mauss

Claude Lévi-Strauss

列维–斯特劳斯
导读
马塞尔·莫斯

（法）列维–斯特劳斯○著
谢晶○译

广西师范大学出版社
·桂林·

莫斯引论：列维-斯特劳斯导读马塞尔·莫斯
MOSI YINLUN: LIEWEI SITELAOSI DAODU MASAIER MOSI

丛书策划：吴晓妮@我思Cogito
责任编辑：叶　子
装帧设计：M°°° Design

图书在版编目（CIP）数据

　莫斯引论：列维-斯特劳斯导读马塞尔·莫斯 /
（法）列维-斯特劳斯著；谢晶译. -- 桂林：广西师
范大学出版社，2023.11
　（思无界）
　ISBN 978-7-5598-6373-7

　Ⅰ．①莫… Ⅱ．①列… ②谢… Ⅲ．①莫斯（Mauss,
Marcel 1872-1950）– 人类学 – 研究 Ⅳ．①Q98

中国国家版本馆 CIP 数据核字（2023）第 177134 号

广西师范大学出版社出版发行

　广西桂林市五里店路 9 号　邮政编码：541004

　网址：http://www.bbtpress.com
出版人：黄轩庄
全国新华书店经销
山东韵杰文化科技有限公司印刷
　山东省淄博市桓台县桓台大道西首　邮政编码：256401
开本：787 mm × 1 092 mm　1/32
印张：3.375　　字数：49 千
2023 年 11 月第 1 版　　2023 年 11 月第 1 次印刷
定价：50.00 元
如发现印装质量问题，影响阅读，请与出版社发行部门联系调换。

CONTENTS

目　录

译　序

被塑造为先驱的莫斯
与步入法国社会学传统的结构人类学

结构人类学"宣言"

《莫斯引论》（Introduction à l'œuvre de Marcel Mauss，下文简称《引论》）的篇名是具有误导性的。尽管它确实是列维-斯特劳斯受邀为莫斯作品集所作的导言，但它远远不能被简化为以介绍莫斯著作为目的的导读性文章。它的深层意图有着高度的"战略性"。

1950 年，莫斯逝世之年，受邀为《社会学与人类学》[1]作引论的列氏刚出版博士论文（《亲属关系的基本结构》[2]，下文中简称《结构》），结束在美国的流亡回到法国本土，换言之，他刚登上法国社会学的舞台不久。这是一个重建中的舞台，因为战争令曾经辉煌的涂尔干学派彻底陷入了沉默。莫斯最重要的论文首次以文集形式出版（《社会学与人类学》），这本身就是一个标志，一种呼声：令法国社会学传统重生，令其重新发声。

列氏可以说是充分地把握住了这个时机：他将《引论》变成了自己所主张的人类学理论的"宣言"。尽管他在文中没有明言，但我们知道他绝对将自己奉为它的开创者；与此同时，他又将这种人类学（连带着"人类学"这一涂尔干与莫斯不太在社会科学意义上使用的称呼）纳入法国社会学的正统之中。正是这一理论，以**"结构人类学"**为名，将引发巨大的反响，成为迄今为止法国社会科学中最有影响力的学说。

1　Marcel Mauss, *Sociologie et anthropologie*, PUF, 1950.

2　Lévi-Strauss, *Les Structures élémentaires de la parenté*, Berlin-New York, Mouton de Gruyter, 1967 (1947).

莫斯：社会科学的"摩西"

列氏的意图，《引论》的真正论点，可以用文中的一句话来概括："莫斯在濒临这些巨大可能性时却止步不前，就像摩西将他的人民带领到上帝应许的圣地，自己却不曾见到其光辉。"（见本书第77页）被应允的圣地指的是结构主义，莫斯敏锐的直觉将社会科学带向它，而现在，列氏要带领社会科学真正进入它。这番极具悲剧色彩的措辞向我们呈现出整个《引论》的野心。通过讲述结构主义的到来，列氏并不满足于将从涂尔干到自己的那段社会科学历史书写为相继的两个阶段，而是想要在其中标志出一个转向：结构主义将使社会学与人类学成为真正的、名副其实的"科学"，一个新的纪元将由此开启。

如何理解上段那句引文？是什么使莫斯称得上是结构人类学的先驱？又是什么像宿命一样使他止步于被应允的圣地的边缘？列氏现在又将如

何引领被"选中的人民"（持有正确研究方式的人类学家）？所有这些问题的答案同样可以用列氏自己的一句话来概括："莫斯仍然相信有可能制定某种关于象征机制的社会学理论，而我们应该寻找的很显然是社会的象征起源。"（本书第50页）莫斯的所有功绩在列氏看来都在于他赋予象征机制的重要性，而他的整个悲剧都在于他"仍然"（也就是说仍然像涂尔干那样）执迷于一种错误的象征理论。这因而是一个家族悲剧：涂尔干是莫斯的舅父与导师，是莫斯的精神之父，而莫斯始终没能走出涂尔干的阴影。

"象征"与"总体"：社会与心灵的关系

在列氏看来，莫斯的成就在于通过将社会生活定义为"一个象征关系所构成的世界"（本书第37页），使象征机制成为人类学的首要及真正对象，更重要的是，象征机制尤其被莫斯视作语言与交流。列氏称，"所有的社会现象都可以被同化为语言现象"是莫斯本人的规定。如果这种说法（让我们称之为"语言-象征还原论"）属实，那么莫斯的学说与结构主义原则（就其流传最广的版本而言）之间的亲缘性就的确是一目了然的，因为根据后者，社会现象应该被处理为**符号**。从列氏早期的亲属关系与思维结构研究到他晚期的神话逻辑研究，这一原则从未动摇过一丝一毫。

然而，如果我们一一阅读《社会学与人类学》中的文章，上述语言-象征还原论远非不证自明的。莫斯的这些文章涉及巫术、礼物、契约、货币、社会形态学、身体技术、人格观念，等等。列氏的说法要成立，就必须告诉我们在所有这些现象中，象征机制何在。

为此，列氏首先充分肯定了莫斯的创新精神——他的"现代主义"，这体现在他致力于揭示出个体与群体、心理与社会之间密不可分的关联。由此，象征性思想与行为（例如民族志学家在萨满教中所观察到的那种）不再显得属于"障碍"或"心理"疾病，而显示出制度特征：这些"障碍"总是社会的表达。它们所"翻译"出的，是不同社会体系的不相容性，以及作为结果的某些个体的边缘化。这些个体在现代社会被归类为"病人"，但在其他社会中则被赋予积极的角色，成为萨满、江湖郎中，等等。

更确切地说，莫斯的这番对于心灵与社会之关联的解释究竟有什么创新之处呢？列氏指出，莫斯是第一个从两个互补的意义上理解这一关联的人：**心灵现象仅仅在制度性语境中才有意义**，但反过来，社会现实（这里尤其指的是制度性事实）只有在具体的个体身上才能得到实现并被观察到。因此，莫斯要做的并不是继续（作为一个涂尔干主义者）证明心灵（或者说心理——根据当时更常用的术语）只有通过其社会起源及意义才能被理解，而是要通过呈现社会如何在个体身上才能得到实现来证明这一点。

正是在这一双重视角中，列氏提醒我们注意到莫斯最著名的概念"**总体社会事实**"的内涵之一，它不是最引人注目的，不是人们在提到这一概念时最津津乐道的，但只有注意到它，才能充分认识到这一概念的深刻性。人们所津津乐道的，是"总体事实"的体系特征。毫无疑问，"总体"意味着这些事实的体系性，也就是说它们不可能被归类于社会生活的某一个层面（经济的、政治的、宗教的、审美的，等等），因为它们同时牵涉这些层面，同时具有经济上的、政治上的、宗教上的……涵义与效应；但列氏提醒我们的是，"总体"同时还意味着我们只可能在经历时空的具体经验中把握它，并且，为了在总体中把握社会事实，必须在**总体的人**身上把握它，即不再像近代哲学传统那样将人的行为分割于不同的能力（facultés）——人总是同时是社会的、心理的，以及生理的。

无意识：打开"主体间性"的钥匙

然而，恰恰因为社会科学的双重任务得到了揭示，它们现在必须应对一个它们所特有的困难。列氏是这样表述这一困难的：它源于**自我与他人之间的不可交流性**，此处是民族志学家的**主体性**与其研究**对象**之间的不可交流性，因为按照上文中的定义，其对象一方面是作为制度性总体的群体，另一方面是这些制度中的活生生的成员。在这种定义之下，对象同时也是**主体**，一方面是集体主体，另一方面是个体主体，用列氏在文中也曾使用的涂尔干的术语来说，社会"**物**"同时也是"**表象**"。更有甚者，不可交流性在此处是双重的：作为主体的民族志学家自己也处于一个制度性总体中，但这个总体与他所观察的那个相差甚远。也就是说，如果他是自我，而他的对象构成一个他人，那么在对象一分为二的同时，他的自我也一方面是个体自我，另一方面是集体自我。

上述对于社会科学难题的表述方式一目了然地采用了现象学的话语，这一点本身就是耐人寻味的，因为这透露出列氏与当时占主导的哲学流派之间的复杂关系。正是现象学将主体-他人难题变成传统哲学所留下的棘手问题，它试图通过各种各样的主体间性（intersubjectivité）描述来解决它，但并不成功（至少在列氏看来）。因此，列氏的话外音实际上是，社会人类学可以解决哲学家的这个"老大难"问题。因为，在社会人类学的视角下重新表述它，这已经是开始解决它了：如果说纯粹的"自我"永远不可能克服它，总体的人却因为自己身上的社会维度而持有克服它的办法——但前提条件是他同时也能够克服那些随着群体的变化而变化的制度的客体性。换言之，当哲学和以制度为研究对象的社会学似乎都对解决"主体间性"的问题无能为力，莫斯所敏锐觉察到的那种心理与社会之间的联系就是打开它的钥匙。

更确切地说，这把钥匙叫"无意识"。如果我们接受列氏的说法，那么仍然是莫斯自己明确地将无意识确立为推动社会生活的真正原因："在巫术中，就像在宗教中和在语言学中一样，是无意识的观念在发挥作用。"（本书第64页）单凭这一句话，列氏就将莫斯变成了结构主义，也就是说一种新的人文主义的先驱。之所以说新的人文主义，是因为它通过一种严格的科学方法而发现每一个人身上都有的，将他联系于整个人类的那个因素，即无意识。无意识是两种意识——集体的与个体的——相汇合的那个层面。通过强调其作用，列氏将莫斯关于巫术与宗教中的象征主义的那些否定性表述（因为它们仍处于试探过程中）全都拉拢到同一个方向：当莫斯说巫术概念（尤其是"玛纳"[1]概念）的背后是一种对于"欧洲成年人的知性而言很陌生"的"非知性主义心理"（本书第102页），列氏称，莫斯恰恰不是受到进化主义的影响，他的意图是达到人类精神的"第四维度"（本书第65页），自我与他人的对立在这个维度中被取消，转而出现的只有人类精神的"公约数"——其根本结构。这些结构从定义上来说就是不为说话与思想主体所知的，但与此同时，只有通过它们，主体性才可能形成。

由此，当莫斯将其对象界定为"非知性主义的"，列氏却断言我们有理由对莫斯作出知性主义的解读。因为，如果说我们必须摒弃欧洲成年人的知性主义，这样做其实是为了达到一个属于所有知性活动之前提条件的层面。这个知性主义的莫斯与列氏本人是如此相似，以至于当列氏在

1　"玛纳"（mana），美拉尼西亚语与波利尼西亚语中表示巫术力量与效力的词。

描述前者时我们不可能不觉得他实际上是在解释他自己的《结构》。

作为理论的"豪"：对于假问题的假解释

　　然而，正是在这个关键点上，列氏提出了他最严酷的批评：正是在非常接近结构主义人类学时，莫斯功亏一篑，因为在如此接近目标的时候他却没能坚持自己的原则，即在无意识层面以及总体的层面寻找社会现实。列氏批判的矛头直指莫斯的标志性作品《礼物》：1.莫斯在此文中"任由自己受到土著的蒙蔽"（本书第80页），将他们的信仰直接当作社会学解释；2.他企图在事后建立一种综合（通过一种巫术概念），以此来重构总体，而实际上这个总体是在最初就被给出的。莫斯就这样停留在了被应允的圣地之外。

　　整篇《引论》的关键论据都集中于此，更确切地说集中在莫斯关于"豪"（hau）的理论上："在《礼物》中莫斯执着于用组成部分重建一个总体，并且，既然这很明显是不可能的，他必须在这个混合体中添加一种额外的量，给他一种计算无误的错觉。这个量，就是'豪'。"（本书第79页）但是，"豪"仅仅是"推动"礼物循环，令送礼、收礼与还礼变成义务（否则将遭受不幸）的那个巫术力量。它属于土著的信仰与理论——土著对自己的行动所作出的解释。如果民族学家仅仅是去重复这番解释，那么他不仅是断了自己的科学之路，甚至是令科学堕落为一种"天真的经验主义"（本书第75页），一种"废话连篇的现象学"（本书第94页）。

列氏的批判不可谓不彻底：莫斯关于"豪"的理论现在成了一种反正我们根本不需要的错误解释，也就是说，对于"豪"的信仰什么都不解释，另外，也并没有什么需要它来解释的；它是对于一种假问题（一个被认为有待建构的总体）的假解释（实际上它是巫术-宗教信仰）。并且，这番批判还具有很强的吸引力，因为它表现出任何科学为了成为科学都必须有的严谨态度：它在对于现象（这里是土著信仰）的描述（根据土著的理论本身）与解释（根据一种中立与系统的话语与分析，并且是在一个不同于现象的层面）之间所建立的区别，难道不是所有名副其实的科学都应该作出的吗？通过对无意识层面的发现，我们现在终于能对土著有意识的说法（"当事人所相信的"［本书第81页］）与他们行动的真正意义（"他们实际上所想的和所做的"［本书第81页］）作出区分。

交换与表意：
人类精神的根本处境与基本结构

那么，对于"豪"的科学解释（而不是"豪"所解释的）是什么呢？列氏称，"'豪'并不是交换的最终原因，它是一个既定社会……中的人对于一种不被意识到的必要性的有意识的理解形式，但是这一必要性的原因另有所在"（本书第80页）。在这番解释中所浮现出的，再一次是列氏自己的《结构》的主要观点。这段引文中的"必要性"

就是**交换**，在《结构》中，它是"人类精神基本结构"之一。它的"原因"因而不是巫术／宗教的，而是心灵的。更确切地说，令交换成为"大量社会活动的公约数"（本书第78页），成为总体事实，成为一种根本的社会范畴的原因，首先在于它所实现的逻辑关系——相互关系（réciprocité）或者说互补关系（complémentarité）。它之所以是必要的，是因为它是精神或者说心灵去克服自我与他人对立，去构想最小社会关系的最直接形式。这因而就是令人类实现从自然到文化的过渡并建立社会生活的基础。由此，我们也就能彻底理解礼物作为"总体社会事实"对于列氏而言的重要性所在。

如果说通过对"**关系逻辑**"的强调，列氏能证明巫术概念，例如"豪"与"玛纳"，仅仅是对一种心灵与逻辑必然性（即作为人类精神根本范畴的那种相互关系的必要性）的有意识的表达，仍然有待于解释的是，为什么，至少是在某些社会中，这种表达要采取巫术-宗教信仰的形式。因此，在《引论》中，列氏并不满足于像在《结构》

中那样呈现上述关系的首要性，他还迈出了另一步，他还想要回答《礼物》一文的核心问题：法律（礼物的义务）为什么与巫术-宗教（对于推动礼物被互赠的那种神秘力量的信仰）密不可分？称礼物或者说交换的义务归根结底是一种关系，或者说总体，或者说结构的必要性，这仅仅是回答关于法律的问题，还需要解释为什么法律通过信仰被表达。

列氏对此的回答成了《引论》一文的标志。他称：巫术概念，例如最典型的"玛纳"，同样也属于心灵必要性，它也是对于某种根本处境的必要回应。但是这一次，根本处境不是主体间性，而关乎表意，它在于能指相对于所指的过剩。这一处境——这种过剩，同样是根本的和普遍的。它随着符号与意义的出现必然会出现。也就是说，巫术概念在有意识的层面是对于交换义务的巫术-宗教解释，但在无意识的层面，它们实际上在处理的是人类精神在表意过程中所遇到的根本问题。

"语言……只可能是一下子就产生的"，人

类是"从一个没有任何东西是有意义的阶段"过渡"到一个所有的东西都有意义的阶段"（本书第96页），这些是任何结构主义语言学的信徒都应该承认的——既然一个符号仅仅表达其他符号所不表达的意思，就因此意味着一整个表意总体的存在。结果就是，**认识活动**（它只可能是一点一点形成的），必然与**表意活动**存在落差：在那个一下子就产生的表意总体中，总是存在还有待被赋予确切含义的成分——即使它们已经被赋予了能指的地位。同时可以表达任何意义又什么都不表达的"玛纳"（列氏将它与法语中的"machin"即"玩意儿"相类比）是人类精神对此落差所作出的反应。这个"**漂浮的能指**"将构成一个"价值为零的象征符号"。它由此保证能指与所指在表意总体中的互补关系。这才是它的真正功能。如果说它另外还被用来使交换变成一种义务并被用来解释这种义务，这是因为从这些交换出发，社会生活从整体上呈现为一个象征关系体系。社会总体与符号总体因而都建立于同一种相互关系或者说互补关系之上，《引论》将"玛纳"变成了对这种关系的最典型表达。

一部特殊的法国社会科学史

在《引论》的结尾，我们看到的是两个不同的莫斯，一个（已经）是结构主义者，另一个（仍然）是涂尔干主义者。列氏将莫斯奉为第一个触及社会科学真正及终极问题的人，这个问题是人类精神的根本范畴——所有社会活动的公约数，我们在上文中称此为"语言-象征还原论"。然而，恰恰是在这个问题上，列氏又对在他看来停留在涂尔干视野中的莫斯无比惋惜，这一在当时被称为"社会学主义"（sociologisme）的视野赋予社会现实以先在性并将象征机制视为其产物。"社会学主义"显然正好是"语言-象征还原论"的反命题，但是它的问题究竟出在哪里呢？在列氏看来，问题在于它终要去求助于情感与意愿作为解释，即科学所无法也不应该处理的东西，逻辑之外的东西，而象征机制是完全属于逻辑领域的。

与其落入这种"社会心理学"，莫斯本应该去从事一种社会-逻辑学（socio-logique）。[1]

然而，从事社会-逻辑学，揭示象征机制的本质，即将结构语言学，尤其是音位学的方法贯彻于社会科学，这需要被列氏称为"新工具"的关系逻辑，而莫斯在当时还没有这种工具。他受到的仍然是新康德主义的思辨训练，这使他至多只能对分析判断与综合判断作出区分。这是他情有可原的地方。他没有想到过要将民族志材料"符号化"，这一点并不能削弱其学说的了不起之处。但是，列氏反复强调莫斯情有可原，是为了反复告诫我们在两个莫斯之间要谨慎选择，以免酿成对莫斯的不公以及社会科学的倒退。只有那个追求体系性（而不成）的莫斯才是值得追随的，而如果我们因为这种对于体系性的要求仍然处于萌芽中而无视它，并且仅对其学说作出功能主义（它可以说是社会学主义的诸多版本之一）的诠释与

---

1 列氏在这里对莫斯的批判与他在《法国社会学》（出处见《引论》正文注 1）和《图腾制度》（*Le Totémisme aujourd'hui*，1962）中对涂尔干的批判如出一辙。

运用，这将是把莫斯思想道路上的绊脚石误当作他留给我们的财富。

《引论》的底色可以说是一部特殊的法国社会科学史，它想让读者油然生出这样一种感觉：我们正在见证一个关键的时刻，它同时是新生与革新。"新生"是因为这个回溯的故事恰恰成为法国"社会人类学"的洗礼。涂尔干与莫斯认为他们的学派在从事"社会学"与"民族学"，是列氏想要将它们都融入一门有着统一对象与方法的关于"人"的科学。"革新"则是因为列氏在这里刻画出了两种从事社会人类学的方法，一种旧的和一种新的，一种不符合科学要求的和一种配得上"科学"称呼的，而莫斯在其中被刻画为一个承上启下的人物，一个转折点。

因而我们也就不难理解《引论》所引发的巨大反响：在一个社会科学有待重建的时刻，人们曾以极大的热情接受了它的历史书写与它所推出的莫斯形象。然而，像所有推陈出新的举动一样，这番线性的历史书写很可能是以对"涂尔干主义"与"结构主义"的双重简化为代价的。因此，热情过后它所引发的是越来越多的争议与质疑：将象征机制与交流活动奉为人类学的首要对象，这是否真的忠于莫斯的想法？莫斯是否真的想要将这些对象放置于精神的某个无意识层面——集体与个体的现实在这里汇合？莫斯本人的著述并不允许我们作出这样的定论，而将讨论限定于涂尔干主义或结构主义的非此即彼，这在今天已经没有多大意义了——"民族学""民族志"与"人类学"在今天早已不将自己束缚于"社会现实"与"象征机制"的关系讨论中。作为《引论》的引论，本文在此仅限于呈现《引论》的初衷：通过上述历史书写，列氏是在制定一整个规划；透过那个伟岸但有着阿喀琉斯之踵的莫斯形象，我们看到的是"结构人类学"（按照列氏的严格定义），其野心、其预设、其主导观念、其概念与方法，首次得到了系统的展现。[1]

谢晶

2023 年 7 月于巴黎

1　关于涂尔干学派与结构人类学的关系，尤其是列氏批判涂尔干及莫斯的真正用意，可参见德贡布（Vincent Descombes）的《心灵食粮》（*La Denrée mentale*, Paris, Minuit, 1995）及《意义的机制》（*Les Institutions du sens*, Paris, Minuit, 1996）中的相关章节，以及本人的若干文章：《从莫斯到列维-斯特劳斯："玛纳"与实践观念的可译性》，《社会》，39 (5)，2019 年；Lévi-Strauss's Critique of Durkheim, *The Oxford Handbook of Émile Durkheim*, forthcoming, online since sept. 2021; The structuralist twisting of Durkheimian sociology: Symbolism, moral reality, and the social subject, *Journal of Classical Sociology*, 16 (1), février 2016。

出版说明

　　本文最初发表于 1950 年，是马塞尔·莫斯的文集《社会学与人类学》的导论。乔治·古尔维奇（Georges Gurvitch）为该文集作了出版说明。今天，该文集仍然在法国大学出版社的"战车"（Quadrige）丛书中。

　　为了忠实于这篇导论的历史语境，编者未对原文作出任何修订。

莫斯引论

Introduction à l'œuvre de
Marcel Mauss

很少有谁的传授像马塞尔·莫斯（Marcel Mauss）的那样始终令人觉得艰深难懂，但与此同时又能产生如此深远的影响。他是如此言简意赅，以至于有时令自己的想法变得迷雾重重，但其中又雷电交加，他迂回曲折的思考过程总是在看上去误入歧途的一瞬间出人意料地成为直入问题核心的路径。只有认识并聆听过莫斯其人，才可能充分地体会到他的思想有多么丰富多产，才可能列举出我们从中继承到的巨大财富。本文将不论及他在法国民族学（ethnologie）与社会学中所发挥的作用，我已在另一篇文章中对此作出考量。[1] 我们只需记得，莫斯所影响到的不仅是民族志（ethnographie）（没有一个民族

1　列维-斯特劳斯：《法国社会学》（La Sociologie française），载于《20世纪社会学》（*La Sociologie au XXe siècle*），法国大学出版社（PUF），1947，第二卷（*Twentieth Century Sociology*，纽约，1946年，第 XVII 章）。

志学家可以声称未受其影响），同时还有语言学、心理学、宗教历史学、东方学，以至于一大批优秀的法国学者都在自己的研究生涯中以不同的方式受惠于他。对于国外的学者来说，莫斯的作品仍然过于零散且常常难以读到。然而偶然的相遇或阅读就能产生深远的影响：我们在拉德克利夫–布朗（Radcliffe-Brown）、马林诺夫斯基（Malinowski）、埃文斯–普里查德（Evans-Pritchard）、弗思（Firth）、赫斯科维茨（Herskovits）、劳埃德·瓦尔纳（Lloyd Warner）、雷德菲尔德（Redfield）、克拉克洪（Kluckhohn）、埃尔金（Elkin）、赫尔德（Held）以及其他很多学者那里都能觉察到莫斯的身影。总体而言，莫斯的作品与思想与其说是直接以口头或书面的形式，毋宁说是经由那些与他常常或偶尔接触的同事与弟子，在发挥着作用。这一现状不乏矛盾之处，这部由论文与报告组成的文集 [1]

---

1 即《社会学与人类学》，法国大学出版社，1950 年第一版。译者注。

正是要对之有所纠正。被选录于此的文章远远不能穷尽莫斯的思想，希望这仅仅是一个开端，接下来还能有一系列出版物，使得莫斯的所有作品（已发表的或未发表的，独自完成的或合作的）都能最终在总体中得到理解。

本文集的选择受到一些实际考虑的牵制。尽管如此，这些出于偶然因素而被集为一册的文章已经能体现出莫斯思想的若干面向，展现出其思想的丰富与多样，尽管还不算是完美的展现。

第一章

莫斯思想的第一个引人注目的特征可以被称作他的**现代主义**（modernisme）。《论死亡观》[1]所关心的问题，是在最近几年才随着所谓的"身心（psychosomatique）医学"[2]进入大家的视野的。诚然，一战时就已存在一些研究，沃尔特·坎农（W. B. Cannon）根据这些研究对一些被他称为体内平衡紊乱的现象作出了心理学诠释。然而，

1　指收录于文集《社会学与人类学》的《集体所暗示的死亡观念在个体身上所产生的物理效应（澳大利亚、新西兰）》（Effets physiques chez l'individu de l'idée de mort suggérée par la collectivité [Australie, Nouvelle-Zélande]）一文，作于 1926 年。译者注。

2　身心医学，指以生理因素与心理因素的相互关联，尤其是后者对于前者的影响为研究对象的医学。译者注。

这位著名的生物学家是在多年之后[1]才真正理解自己理论中的这些独特的现象的：它们似乎是直接在心理因素与社会因素之间建立关联。而莫斯早在1926年就令我们注意到它们。这当然不是因为他发现了这些现象，而是因为他是最早强调它们的真实性与普遍性的人，他尤其强调，如果我们想对个体与群体之关系作出正确解释，这些现象具有非比寻常的重要性。

这种对于群体与个体之关系的关注，在当下的民族学研究中占据主导，而它同样也是收录于本文集最后的关于身体技术的那篇报告的出发点。当莫斯在其中提出，研究每一个社会是如何严格规定个体对身体的使用，这对于人类科学（sciences de l'homme）而言具有关键价值，他预示了美国人类学在当下最关心的问题，这在鲁思·本尼迪克特（Ruth Benedict）、玛格丽特·米德（Margaret

---

1 沃尔特·坎农：《"伏都"死亡》（« Voodoo » Death），《美国人类学家》（American Anthropologist），新系列，卷44，1942年。

Mead）以及大多数年轻一代美国民族学家的研究中都有所体现。社会结构通过对身体的需求与活动进行教育而在个体身上留下自己的印记："我们训练儿童……去控制自己的本能反应……我们抑制恐惧……我们对动与静的方式进行挑选。"[1]这种对于社会如何将自身投射于个体的研究必须到最深层去挖掘习惯与行为，在这个领域，没有任何东西是偶然的、无缘无故的、多余的，"对儿童的教育中充满着所谓的细节，但这些细节是至关重要的"，甚至于"大量没有得到关注但却应该得到观察的细节构成了对所有年龄段和两种性别的人的身体教育"。

由此，莫斯制定出一种研究纲领，它以占绝对主导的方式成为现代民族志在最近十年中的研究纲领，不仅如此，他同时还察觉到这一新的研究方向所产生的最重要结果，它是民族学与精神分析学的合作。一个出身新康德主义这种如此讲

1　《身体技术》（Les techniques du corps），《社会学与人类学》，本自然段与下一个自然段引文皆出自此文。译者注。

求廉耻的知识与道德教育传统（这一传统在 19 世纪末主宰着我们的大学）的人，需要很大的勇气与远见，才可能（像他在关于身体技术的文章中那样）试图去发现"性器官与皮肤接触"所产生的那些"童年时代的，业已消失的心理状态"，并意识到自己"完全是在从事精神分析学的工作，它在这里很可能是足够站得住脚的"。他因而充分认识到，为什么断奶的时间与方式，以及婴儿被触摸与抱的方式，是如此重要。莫斯甚至设想将人类群体分为"有摇篮的……没有摇篮的"。我们仅需提及玛格丽特·米德、鲁思·本尼迪克特、科拉·杜波伊斯（Cora Du Bois）、克莱德·克拉克洪、D. 莱顿（D. Leighton）、E. 埃里克森、K. 戴维斯、J. 亨利等人的名字与研究，就能衡量莫斯在 1934 年所提出的这些观点是在多大程度上标新立异。就在同一年，《文化模式》一书问世，它离莫斯所提出的问题还很远，而玛格丽特·米德当时正在新几内亚的田野酝酿着一种非常接近莫斯的理论原则，我们知道它后来将产生多么巨大的影响。

此外，莫斯在两个不同的视角上甚至比后来的所有理论发展都更高瞻远瞩。当他为民族学研究开辟了身体技术这一全新的领域，他并不仅仅是要承认此类研究能为文化整合（intégration culturelle）问题带来的启发，他还强调它们就自身而言的重要性。然而，就此而言，还没有任何工作，或者说几乎还没有任何工作，已经得到展开。近十或十五年以来，民族学家们都乐于去关注一些特定的身体规训现象，但这仅仅是因为他们希望由此来将一个群体按照自己的形象去塑造个体的那些机制说明清楚。事实上，没有任何人涉足于莫斯认为具有紧迫必要性的那个艰巨任务，这个任务是对人类在历史中，尤其是在世界各地，曾经并继续对其身体所展开的所有使用方式进行汇总。我们搜集着人类技艺的各种产物，我们汇总着各种书面文字或口述材料。然而，身体作为普遍的、每一个人都持有的工具，它具有如此众多和不同的可能性，我们却继续对它们保持无知——除了那些满足我们自己的特定文化要求的，总是不完整且有限的可能性以外。

然而，任何经历过田野考察的民族学家都知道，这些可能性随着群体的不同，以惊人的方式千差万别。每个文化中的兴奋阈值，耐力极限都各有不同。"无法实现的"努力、"不可忍受"的疼痛、"不可思议的"快乐都并不那么地与个体差异相关，而更多地是与集体的赞同或反对态度所确立的那些标准相关。在传统中被习得与传承的每一种技术，每一种行为方式，都建立在神经与肌肉的一些特定的协同作用之上，它们构成真正意义上的体系，这些体系与整个社会背景息息相关。在哪怕是最粗浅的技术中，例如摩擦生火或通过敲击打造石器，情况亦是如此，更不必说那些在社会与物理的双重意义上都属于大型建构的实践，例如各种身体锻炼（包括与我们的体操如此不同的中国体操，以及我们对之几乎一无所知的古代毛利人的内脏体操），又如中国或印度的调息技术，再如竞技练习，后者是我们的文化所留下的非常古老的遗产，而我们因为个人爱好以及家庭传统的偶然因素放弃了对它们的保存。

这种关于人类身体不同使用模式的知识在我们这个时代尤为必要，因为在这个时代，人类所拥有的机械技能的发展正渐渐令我们不再去训练并运用身体技能——体育活动的领域除外，体育活动确实是莫斯所关注的一种重要的行为方式，但它们仅仅是他所关注的所有行为方式的一部分，此外，它们在不同的群体中所占的比重有所不同。我们希望，像联合国教科文组织这样的国际组织能够致力于实现莫斯在其报告中所绘制的蓝图。一部《国际身体技术档案》，通过汇编人类身体的所有可能性以及每一种身体技术所需要的学习与练习方式，可以成为一部真正的国际作品，因为在这个世界上，没有任何一个人类群体不能为此事业做出一番独特的贡献。并且，这是人类共同的遗产，是直接向整个人类开放的，它们具有几千年的历史，它们仍然具有并将永远具有实践价值，对于它们的总的展现比其他任何方式都能更好地（因为这是通过实际经历的方式）令每一个人都感受到集体的纽带，这一纽带既是心灵的也是身体的，它使每个人都与整个人类融为一体。

这番事业同时也将极其有助于种族偏见的抵制，因为面对想要将人视作其身体产物的种族主义观念，我们可以证明，恰恰相反，有史以来并且是在世界各地，人类向来知道怎样将身体变成技术与观念的产物。

但是，主张这项工作还不仅仅是出于一些道德与实践的理由。它还能向我们提供关于移民以及不同文化间接触与仿效的信息。这些信息的丰富程度是我们意想不到的。它们所涉及的事实都属于遥远的过去，但一些看似微不足道的、代代传承的，并且恰恰因其微不足道而被保留下来的行为方式，往往能比考古发现和形象的纪念性建筑更好地证明这些事实曾经发生。男性在排尿时手的姿势，人们在流水还是静水中洗漱的偏好（这种偏好在打开水龙头时是否堵住洗面池的习惯中仍然活生生地存在着），这些都是身体习惯考古学的例子，它们在现代欧洲（更是在其他地方）向文化历史学家提供着与史前史和语文史同样宝贵的知识。

* * *

没有人能比那个热衷于在面包店货架上的面包形状中破译凯尔特人扩张史的莫斯更清楚过去与当下的这种紧密联系——它铭刻于我们最微小、最具体的习俗中。然而，通过强调巫术死亡以及身体技术的重要性，他还想要建立另一种联系，这一联系是本文集所收录的第三篇报告《心理学与社会学的实际及实用关系》的主题。在所有这些实例中，我们所面对的都是这样一种事实："必须抓紧时间研究它们，人类的社会本质与生物本性在其中非常直接地汇合在一起。"[1]这些正是我们为了处理社会学与心理学关系问题而应该优先

---

1 为了了解莫斯思想的这个方面，读者还应该参考另外两篇没有收入此文集的文章：《以欢笑与泪水致意》（Salutations par le Rire et les Larmes），《心理学报》（*Journal de Psychologie*），1922 年；《情感的强制表达方式》（L'Expression obligatoire des Sentiments），同上。

考虑的事实。

是鲁思·本尼迪克特告诉当代民族学家与心理学家，他们各自所致力于描述的那些现象是有可能用一种共通的语言来描述的，这种语言来自精神病理学，但这一说法本身构成一个谜团。莫斯早于她十年就已对此有所洞察，他的洞见如此具有前瞻性，以至于被他所发现并打开了入口的这一巨大领域居然没有立刻得到开垦，这只能归咎于人类科学在我们国家被弃之不顾的情况。事实上，早在1924年，当莫斯在一群心理学家面前将社会生活定义为"一个象征关系所构成的世界"，他就是要告诉他们："你们仅仅是非常难得地并且常常是在一些反常的事实类型中获得这些象征机制（symbolisme）的例子，而我们则是不断地、大量地、在无数正常的事实类型中捕捉到它们。"[1]整部《文化模式》的主题都已经早早地出现在这

---

[1] 《心理学与社会学的实际及实用关系》（Rapports réels et pratiques de la psychologie et de la sociologie），《社会学与人类学》。译者注。

段话里了，《文化模式》的作者鲁思·本尼迪克特从未读到过这段话，这很可惜，因为如果她曾经读到过这段话以及后文对它的展开论述，那么她与她的学派本可以更好地回应自己所受到的指责，这些指责有时候是中肯的。

当美国心理-社会学派企图确定群体文化与个体心理之间的对应关系体系，它实际上有可能陷入一种循环。它曾尝试与精神分析学对话，希望后者指出那些作为群体文化表达的根本形式是如何决定着很多个体态度的——这些态度在个体中持存。从此，民族学家与精神分析学家就陷入了一场关于两种因素究竟哪种占主导的无休止的讨论中。一个社会的制度特征是来自其成员个性的特殊样态，还是说，这种个性要用幼儿时期所受教育的某些方面来解释，而这些方面本身属于文化现象？这番论争只可能是无果的，除非双方能意识到两个维度就彼此而言并不处于一种因果关系中（无论我们将它们分别放在因还是果的位置），更进一步说，心理表达仅仅是一种特属于社会的结构在个体心理层面的翻译。这也是玛格丽特·米德在最近的一篇文章[1]中非常适时地提醒我们的，她指出，让土著做罗夏测试[2]并不能为民族学家带来他们通过严格意义上的民族学研究已获得的知识之外的新知识——尽管这些测试能够为一些以完全不有赖于它们的方式所获得的研究结果提供一种有用的翻译。

莫斯所揭示的正是心理因素相对于社会因素的这一从属关系，他的这项工作是很有用的。诚然，鲁思·本尼迪克特从未声称要将文化类型对应于心理病理学意义上的障碍，更不曾声称要用后者来解释前者。然而，使用精神分析学术语来表述社会现象特征的做法仍然是不严谨的，因为

1　米德（M. Mead）：《阿拉佩什山》（The Mountain Arapesh），卷5，《美国自然历史博物馆人类学论文》（*American Museum of Natural History, Anthropological Papers*），卷41，第3部分，纽约，1949年，第388页。
2　由瑞士精神病学家罗夏（Hermann Rorschach）发明。通过受试验者对一系列由墨迹构成的图形作出的诠释而评估其人格类型。译者注。

实际上的关系是倒过来的。社会以象征的方式在习俗与制度中表达自身，这是社会的本质，相反，正常的个体行为**从来不会就自身而言就具有象征性**：它们是一个象征体系得以建立的元素，但这个象征体系只可能是集体的。只有反常的行为，因为脱离了社会并且可以说是自生自灭的，所以能在个体的层面制造一种独立象征机制的假象。换言之，在一个既定的社会群体中，反常的个体行为能构成象征机制，但这是在一个低下的层面，并且可以说是在一个完全不同于群体表达的"数量级"，与之实实在在不可通约的另一个"数量级"上。因此，既然患有心理障碍的个体的行为一方面具有象征性，另一方面是在表达一个（从定义上来说就）有别于群体体系的体系，它们自然地并且注定向每一个社会提供某种相当于象征机制的东西，但它与这个社会自身的象征机制不同，并且在双重意义上属于弱化的版本（因为是个体的并且是病理的），而与此同时这些行为又隐约地令人想到那些正常的，并且是实现于集体层面的形式。

更进一步而言，病理学的领域从来都不能与个体的领域混为一谈，因为不同的心理障碍被分门别类，这就是对某种分类法的承认，并且，根据不同的社会，以及同一个社会的不同历史时期，占主导的形式都有所不同。如果说我们必须承认每个社会都有着它最"青睐"的心理障碍形式，并且这些形式与正常的形式在同等程度上随着集体的变化而变化，而集体哪怕是对于例外也不会无动于衷，那么，那些试图通过心理病理学（psycho-pathologie）而将社会现象还原为心理现象的做法就显得越发谬误了。

莫斯在他关于巫术的论文中（我在下文中还将回到这篇文章上来。要对它作出公正的判断，必须考虑到其写作年份）写道，就算"巫师装神弄鬼的行为与处于神经症状态下的人的行为确属同一种类型"，还是要注意这样的事实：那些用来招纳新的巫师的标准，"残废的、精神恍惚的、神经质的、流浪的，实际上形成了某些社会阶层"[1]。莫斯还补充道:"赋予他们巫术能力的,并不主要是他们的个体生理特征,而是社会对于他们这一整个类型的人所采取的态度。"通过这些说法,莫斯提出了一个问题,他自己不曾解决,但是我们可以继他之后继续探索。

* * *

比较鬼魂附身的萨满或者一个着魔情景中的主角和一个神经症患者是一件容易的事。我自己也曾做过此种比较。[2]这种对照的合理之处在于,在这两种状态中很可能存在着一些相同的因素。然而,这种对照也必须受到限制。首先,当我们的精神病专家向我们提供与着魔舞蹈有关的影像资料时,他们声称无法将这些行为归为任何一种

---

1 《巫术的一般理论概要》(Esquisse d'une théorie générale de la magie),《社会学与人类学》。译者注。
2 《巫师与他的巫术》(Le Sorcier et sa magie),《现代》(Les Temps modernes),1949 年 3 月。

他们惯常能观察到的神经症类型。另一方面（这一点尤其重要），与巫师以及常常或偶尔着魔的人打交道的那些民族志学家，对于将这些个体视作病人的做法是持有异议的，这些人在那些被社会明确定义的情景之外，从任何方面来看都是正常的。在那些有着魔情景的社会里，着魔是一种所有人都可以有的行为，其模式是由传统所固定下来的，其价值在集体的参与下得到承认。那么，这些符合其群体所制定的普通人标准的，在日常生活中拥有全部心智与生理能力的，偶尔表现出一种被赋予含义并被允许的超常行为的人，我们以何种名义可以把他们当作不正常的人呢？

我们所提出的这种矛盾能以两种不同的方式得到解决。要么被描述为"鬼魂附身"或"着魔"的那些行为与我们自己社会中被称为心理疾病的那些行为毫不相干，要么我们可以认为它们同属一类，但这样的话，它们与病理状态的关联应该被视作偶然的，并且这种关联源于我们所处社会的某种特定状况。在后一种情况中，我们还会面临第二种选择：要么所谓的精神疾病实际上与医学无关，而应该被视作社会对一些个体的行为所产生的影响——这些个体的经历与他们的个人体质使他们部分地脱离了群体；要么我们承认这些病人身上存在着确属病态的状态，其起因是生理的，但它仅仅是创造了一种易感体质，或者说对于某些象征行为的"敏感剂"，而这些行为始终专属于社会学诠释的范围。

我们无须展开这番讨论。如果说我以简短的方式提及上述这些选择，这仅仅是为了告诉大家我们完全可以制定一种关于心理障碍（或者说被我们视作心理障碍的现象）的纯社会学理论而无须担忧有一天生理学家们会发现神经症的某种生物化学基质。即使我们作此假设，社会学理论仍然是有效的。并且，想象这一理论的构成是比较容易的。任何文化都可以被视作一个由一些象征体系所构成的整体，这些体系中最重要的有语言、婚姻规则、经济关系、艺术、科学、宗教。所有这些体系都旨在表达物理现实与社会现实的某些方面，它们更旨在表达这两种现实类型的彼此关联以及不同象征体系的彼此关联。它们永远不可能以彻底令人满意的方式，尤其不可能以完全对等的方式实现这些表达。这首先是因为每个体系都有自己特有的运作条件：它们是永远无法通约的；其次，历史的长河在这些体系中注入了原本不属于它们自身的因素，决定着一个社会向另一个社会的渐变以及每一个特定体系的不同演变节奏。因为一个社会总是存在于既定的时间与空间中，并由此受制于其他社会及自身发展的先前状态的影响，并且还因为，即使在一个理论上的社会中，即使它被想象为与其他任何社会都没有关联并且完全不受制于自身历史，在其中构成文化整体的不同象征体系仍然是无法相互还原的（一个体系能被翻译到另一个体系中的前提是引入一些属于无理数的常数），结果就是，从来没有任何社会是完全并彻底地具有象征属性的，或者更确切地说，从来没有任何社会能向所有的成员在同等程度上提供令他们能充分参与一个象征结构之建造中的手段，这一象征结构对于正常的思想而言只能实现于社会生活的层面。因为确切地说，是我们称之为精神健全的人在被异化（s'alièner）[1]——既然他同意存在于一个仅仅通过自我与他人的关系才能被定义的世界中[2]。个体的精神健康意味着他参与社会生活，就像对此的拒绝（但实际上这种拒绝也是根据社会生活所规定的模式）对应着心理障碍的出现。

因此，任何一个社会都好比是这样一个世界，其中只有一些彼此离散的人群是高度结构化的。所以，在所有的社会中，都不可避免地有一定比例（它在不同的社会有所不同）的个体可以说是处于体系之外或者说处于两个或多个彼此不可还原的体系之间。对于这些个体，群体要求甚至强制他们去想象某些可实现于集体层面的折中形式，去佯装一些假想的过渡方式，去实现一些不可调

1　s'alièner 还有"变成疯子"的引申含义。译者注。
2　这似乎就是雅克·拉康博士在一篇非常深入的研究中所得出的结论，《精神分析学中的攻击性》（L'Agressivité en Psychanalyse），《法国精神分析学杂志》（Revue française de psychanalyse），1948 年 7—9 月，第 3 期。

和的综合方式。通过这些表面看来反常的行为，"病人"因而只是在翻译集体的某种状态并且令这个集体的这个或那个"常数"变得显著。他们相对于一个局部体系而言的边缘处境并不妨碍他们像这个局部体系一样属于总的体系的不可或缺的一部分。更确切地说，如果没有他们这些顺从的见证人，那么总的体系就有可能会瓦解为许多局部的体系。我们因而可以说，对于每个社会而言，正常的行为与特殊的行为之间存在着互补的关系。这在萨满教与着魔的例子中是显而易见的，在我们自己社会的有些行为也属于这种情况，我们的社会拒绝将它们归类并承认为**使命**（vocations），但与此同时又将实现在比重上与之相当的行为的任务留给那些对社会结构中的矛盾与漏洞非常敏感（无论是出于历史的、心理的、社会的或生理的原因——这不重要）的个体。

  巫师如何并且为何是社会平衡的一个要素，这是很容易看出来的；对于着魔的舞蹈或仪式我们同样应该得出这样的结论。[1]但是，如果我们的假设是准确的，那么每个社会典型的精神障碍形式，以及被波及的个体的百分比，就是这个社会所特有的、特殊的平衡类型的构成要素。纳德尔（S. F. Nadel）在最近的一项非常出色的研究中指出，没有一个萨满"在日常生活中属于'反常'的、神经质的，或患有幻想狂的个体；否则他会被视作疯子，而不是萨满"。接着，作者提出如下观点：在病理障碍与萨满式的行为之间存在着一种关联，但与其说它在于后者可以被类同于前者，不如说在于根据后者来定义前者的必要性。恰恰因为萨满式的行为是正常的，因而在萨满教社会中，有一些在其他社会中会被视作（并会真的成为）病态的行为，可以是正常的。纳德尔是在一个特定的地域对萨满教群体与非萨满教群体作出了比较研究，这项研究表明，就心理障碍的倾向而言，萨满教扮演着双重角色：一方面对它们加以利用，

---

1 米歇尔·雷里斯（Michel Leiris）：《马提尼克、瓜德罗普、海地》（Martinique, Guadeloupe, Haïti），《现代》，1950年2月，第52期，第1352—1354页。

但另一方面对它们加以引导使它们稳定下来。在与文明世界的接触所产生的影响之下，精神病与神经症在没有萨满教的群体中似乎确实变得更频繁，而在另外那些群体中，是萨满教本身得到了发展，而这并不伴随着精神障碍的增加。[1] 由此我们看到，那些声称将某些仪式彻底分离于任何心理病理学背景的民族学家是受到一种过于谨慎的好意的驱使。两者的类同是很明显的，并且它们之间的关系甚至有可能是可以衡量的。这并不意味着所谓的原始社会处于疯子的权威之下，而毋宁说是我们自己盲目地将一些社会现象视作病理现象，而实际上它们与后者无关，或者说至少这两个方面应该被严格区分。事实上，应该被质疑的是**精神疾病**这一概念本身。因为，如果说像莫斯所认为的那样，精神因素与社会因素是融为一体的，那么，在社会因素与生理因素直接相通的例子中，在其中的一个维度中运用实际上只有在

1　S. F. 纳德尔：《努巴山区的萨满教》（Shamanism in the Nuba Mountains），《皇家人类学研究所学报》（*Journal of the Royal Anthropological Institute*），1946 年，卷 LXXVI，第 1 部分（出版于 1949 年）。

另一个维度中才具有意义的概念（例如疾病的概念），就是荒谬的。

以上这番旅程一直将我们带到了莫斯思想最遥远的边界，甚至有可能使我们超出了它的边界。很可能会有读者认为这样未免失之轻率，然而我们这么做只是想要呈现出莫斯提供给他的读者或听众去思考的那些主题有多么丰富并且富于生命力。就此而言，他对于象征机制应该完全由社会学学科来研究的这项要求的表述可能像涂尔干一样，有失严谨，因为在《心理学与社会学的关系》的报告中，莫斯仍然相信有可能制定某种关于象征机制的社会学理论，而我们应该寻找的很显然是社会的象征起源。我们越是拒绝承认心理学能胜任精神生活的所有层面，就越是应该承认只有它才能（与生物学一起）解释最基本的功能的起源。同样地，今天所有那些执着于"众数人格"（personnalité modale）概念或"民族性格"（caractère national）概念的假想，以及它们所产生的循环论证，都是出于这样一种信仰：个体的性格就自身而言就具有象征性。但实际上，就像莫斯所提醒我们的（心理病理现象除外），个体的性格只是为象征机制提供了原材料或者说元素，而象征机制，如我们上文所述，是永远不可能尽善尽美的。因此，在正常行为的层面就像在病理行为的层面，将精神分析学的方法扩展到个体，这样做并不能将社会结构的图像固定下来（就好像它能成为某种奇迹般的捷径而令民族学可以避开自己的任务一样）。

个体的心理并不反映群体，更不预先塑造后者。如果我们承认前者是对后者的补充，就已经是充分承认今天在这个方向上所展开的那些研究的价值与重要性了。个体心理与社会结构之间的**互补性**是莫斯所呼吁的那种合作的基础，这种合作实现于民族学与心理学之间，并且是硕果累累的，但是这种合作只有在下述前提下才能始终保持其有效性：民族学必须因其对习俗与制度的客观描述与分析而继续居于主导地位，对风俗与制度所产生的主观影响的深入研究能巩固这个位置，且永远不会令民族学退居次要的地位。

第二章

在我看来，以上就是《心理学与社会学》《死亡观念》以及《身体技术》这三篇文章所能够引导我们去思考的那些关键的问题。本文集中的另外三篇文章（它们占据了主要的篇幅）——《巫术的一般理论概要》《礼物》以及《人格的概念》[1]则向我们呈现出莫斯思想的另一个更具决定性的面向。如果我们能列出从《概要》到《礼物》的这二十年间莫斯的标志性作品——《艺术与神

---

[1] 它得到另一篇文章的补充：《灵魂与名字》（L'Âme et le Prénom），《哲学协会报告》（*Communication à la Société de Philosophie*），1929年。

话》[1]、《食物颂歌》（Anna-Virâj）[2]、《货币概念的起源》[3]、《艾威（Ewhe）人的货币与兑换神》[4]、《色雷斯人的一种古老的契约形式》[5]、《对波希多尼一个文本的阐释》[6]，并且，如果《礼物》这一至关重要的文本被与那些见证着同样思路的文章——《原始分类》（与涂尔干合著）[7]、《论爱斯基摩社会的季节变更》[8]、《礼物，毒药》（Gift，Gift）[9]、《玩笑的亲属关系》[10]、《赌博（Wette），结婚（Wedding）》[11]、《凯尔特

1　《哲学杂志》（*Revue Philosophique*），1909 年。

2　《西尔万·列维合集》（*Mélanges Sylvain Lévy*），1911 年。

3　《人类学》（*L'Anthropologie*），1913—1914 年。

4　同前。

5　《希腊研究杂志》（*Revue des Études grecques*），1921 年，卷 XXXIV。

6　《凯尔特杂志》（*Revue Celtique*），1925 年。

7　《社会学年鉴》（*Année Sociologique*），卷 VI，1901—1902 年。

8　《社会学年鉴》，卷 IX，1904—1905 年。

9　《阿德勒合集》（*Mélanges Adler*），1925 年。（gift 在英文中意为礼物，在德文中意为毒药。编注。）

10　《高等研究学院汇报·年报》（*Rapport de l'École des Hautes Études, Annuaire*），1928 年。

11　《法律史协会会议记录》（*Procès-verbaux de la Société d'Histoire du Droit*），1928 年。

法律中的男性财产与女性财产》[1]、《文明》[2]、《普通描述社会学提纲摘录》[3]放在一起，那么这第二个面向可以得到更好的凸显。

事实上，虽然《礼物》不容争议地是莫斯的代表作，是他最著名（这是实至名归的）并且影响最深远的作品，但是如果我们将它孤立于其他的作品，这将是严重的错误。是《礼物》一文提出"总体社会事实"（le fait social total）的概念并树立起它的权威，但我们能毫无困难地察觉到这一概念是如何与我们在上文中所提及的那些，仅仅是在表面上看来颇为不同的关注点联系在一起。我们甚至可以说，这些关注点支配着"总体社会事实"的概念，因为像它们一样，这一概念源于对社会现实作出定义的要求，更确切地说，

1　《法律史协会研究日记录》（*Procès-verbaux des Journées d'Histoire du Droit*），1929 年。
2　载于《文明，其词及其观念》（*Civilisation, le mot et l'idée*），国际综合研究中心（Centre international de Synthèse），第一周，第二分册，巴黎，1930 年。
3　《社会学年鉴》，系列 A，第一分册，1934 年。

对将社会因素定义成现实的要求，它只是以更完整与更系统的方式去实现这一目的。而社会因素只有在被纳入体系中才是现实的，这是"总体事实"概念的第一个维度："在必然有些过度的分割与抽象工作之后，社会学家应该致力于重构总体（le tout）。"然而总体事实不会通过简单地将不连续的方面——家庭、技术、经济、法律、宗教等重新整合在一起就成功地成为总体事实（我们会倾向于单单从其中的某一个方面去理解这个事实）。它还需要体现于个体的经验中，并且是在两个不同的视角下：首先是在个体的历史中，在其中我们得以"观察到总体人的行为，而不是各种能力（facultés）被分割开来的人的行为"；其次是在我们希望称为一种**人类学**（通过重新发现一个术语的古老含义——它很明显适用于我们现在正在处理的问题）的视角下，也就是说一个诠释体系，它能同时解释所有行为的物理、生理、心理与社会维度："仅仅研究我们的生活中属于社会生活的那个片段是不够的。"[1]

总体社会事实因而呈现出三维的特征。它必须令三个维度相契合：有着多个共时方面的社会维度，历史的或者说历时的维度，以及生理-心理的维度。然而，只有在个体身上，这种三重契合才可能发生。如果我们坚持从事这种"对于具体现象，即对于完整现象的研究"，我们必然会察觉到"真实存在的，并不是经文或法律，而是这个或那个岛上的美拉尼西亚人，罗马、雅典"。

因此，总体事实的概念与下述双重考量（一直到目前为止它们是分别出现的）息息相关：一方面将社会因素与个体因素联系在一起，另一方面将物理（或者生理）因素与心理因素联系在一起。但是现在我们能更好地理解个中原因，它也是双重的。一方面，只有在完成了一系列简化工作之后我们才会获得总体事实，它包括：1.社会

---

1 本段与下一个自然段的引文皆出自《礼物》，除了这一句出自《集体所暗示的死亡观念……》。译者注。

现实的不同模式（法律的、经济的、审美的、宗教的，等等）；2.一部个体史的不同时刻（出生、童年、教育、青春期、婚姻，等等）；3.不同形式的表达，从生理现象，例如反射、分泌、减速或加速，到无意识的范畴以及有意识的表象——无论是个体的还是集体的。所有这些都在一定的意义上确确实实具有社会性，因为只有以社会事实的形式，这些本质如此多样的因素才能获得一种总的意义并成为一个总体。然而，把话反过来说也是对的，因为我们唯一能确定一个社会事实是现实（而不是或多或少确凿的一些细节的任意叠加）的办法，是看它能否在一个具体的经验中被把握到：首先是在一个处于时空中的社会，"罗马、雅典"，但也是在这些社会中的某一个个体身上，"这个或那个岛上的美拉尼西亚人"。所以，在某种意义上，所有的心理现象都确实是社会现象，心灵与社会同一。但在另一个意义上，一切都颠倒过来：社会的证据只可能是心灵的；换言之，一个社会制度，如果我们不能够重现它在个体意识中产生的影响，那么我们永远无法确定是否了解它的意义与功能。既然这一影响是这个制度不可或缺的一部分，那么任何诠释都应该将客观的历史分析或比较分析与主观的真实经历协调一致。上文中，当我们追随莫斯思想中的一个向度，我们提出的假设是心理与社会之间的互补性。与一个拼图的两半之间的那种互补性不同，这一互补性不是静止的，而是能动的，它源于这样一个事实：心理因素同时是相对于那个超出于它的象征机制而言的一种单纯**表意因素**（élément de signification），又是某种现实的唯一证实手段，在它之外，这种现实的多种面貌是不可能以综合的形式被把握的。

因此，"总体社会事实"的概念远不只是对调研者提出建议——提醒他们务必在农业技术与仪式之间，或者在独木舟的建造、家庭聚集的形式以及渔业产品的分配规则之间建立关联。社会事实是总体的，这并不仅仅意味着**所有被观察的现象都是观察行动的一部分**，而同时并且尤其意味着，在一种观察者与其对象具有相同本质的科学中，**观察者自己就是其观察行动的一部分**。我们这样说并不是在暗示民族学观察会不可避免地改变它所观察的社会的运作方式，因为这一难题并不专属于社会科学。每次我们试图采用精细的衡量尺度，也就是说每次观察者（他自己，或者他的观察手段）与被观察的对象同属一个数量级，都会出现这一难题。另外，令此难题变得显而易见的是物理学家，而不是社会学家，它只是以相同的方式成为后者也必须面对的问题。社会科学的特殊处境属于另一种性质，它源于社会科学对象的固有属性：它同时是对象和主体，并且，用涂尔干和莫斯的话来说，同时是"物"与"表象"。当然我们很可能可以说物理与自然科学的情况也是一样的，因为现实世界的所有因素都是对象，但它们激发表象，并且对于对象的完整解释应该同时说明它自身具有什么结构，以及我们通过哪些表象而得以把握它的属性。理论上，这是对的：完整的化学应该不仅向我们解释构成草莓的那些分子的形式与分布，而且也向我们解释一种独特的味道是如何产生于这一分布的。尽管如此，历史证明，一门科学要令人满意，并不需要走得这么远，并且它可以在长达几世纪甚至几千年（既然我们不知道它将在何时完成上述任务）的时间中，在对其对象的认识上获得进展，而无须顾及介于对象所特有的属性与其他那些取决于主体的属性之间的极其不稳定的区分，只有前者是它想要解释的，对于后者的考虑可以被搁置一旁。

当莫斯说"总体社会事实"，他的意思是相反的（如果我理解无误的话）：上述轻而易举的并且是高效的二分对于社会学家来说是不被允许的，或者说至少它只能对应于其科学发展过程中的一个临时的并且是短暂的阶段。为了能恰当地理解一个社会事实，必须从**总体**上把握它，也就是说从外部，把它作为一个物，然而必须把它当作这样一个物：主观把握（有意识的或无意识的）是它不可或缺的组成成分，如果我们像土著人一样在经历那个事实，而不是作为民族志学家在观察它，那么我们也会有这种主观把握。问题在于如何实现这一雄心壮志——它不仅仅在于同时从外部以及内部把握一个对象，而且具有更高的要求，因为内在的把握（土著的那种把握，或者说至少是重新经历土著经历的观察者的那种把握）必须被转换为外在把握的表述方式，提供一些从属于某个整体的元素，这个整体必须以系统以及协调一致的方式呈现，才是可靠的。

如果说社会科学所拒不接受的那个客观与主观之间的区分与物理科学所暂时承认的同一种区分同样严格，那么上述任务就是无法完成的。但情况恰恰在于，物理科学是暂时地让步于一种它们希望是严格的区分，而社会科学是毅然决然地拒绝一种对于它们来说只可能是模糊的区分。此话怎讲？我的意思是，恰恰因为理论上这个区分是不可能的，它在实践中才可以被推行得远得多，直到令其中的一方变得可忽略不计——至少是相对于观察活动本身的尺度而言。一旦主体与对象的区分被确立，主体自身就能再一次以同样的方式将自己一分为二，以此类推，以至无穷，因而不会化为乌有。社会学观察看上去注定要陷入我们在上一节中所指出的那种无法逾越的悖论，它能得以逃脱这一宿命，是多亏了主体无限对象化自己的能力，也就是说（在永远不可能将自己作为主体取消掉的情况下）将自己的碎片（它们总是越来越小）抛到外面的能力。至少是在理论上，这一碎片化是不受限的，或者说它的限制仅在于它必须总是预设两个关系项的存在，这是它的可能性条件。

　　民族志在人类科学中有着突出的地位，这能够解释在某些国家，它以"社会与文化人类学"之名已经在扮演的角色：一种新的人文主义的启示者。它之所以具有这种突出地位，是因为它以实验的和具体的形式呈现出主体的对象化的无止尽进程，这对于个体而言是如此难以实现。在地球上曾经存在的以及现有的成千上万的社会都是人类社会，以人的身份，我们以主观的方式参与其中：我们本可能出生于其中，因而可以就好像我们是生于其中那样试图去理解它们。但与此同时，它们所构成的整体相对于它们的其中之一则能证明主体以基本上无限的比重将自己对象化的能力，因为这个仅仅构成所有材料中极小一部分的，作为参照物的社会，本身总是有可能分裂为两个不同的社会，其中一个会融入对于另一个而言属于并将永远属于对象的巨大群体中，这一过程周而复始，永无止境。所有与我们自己的社会不同的社会都是对象；所有我们自己社会中的群体，除了我们自己所从属的群体，都是对象；甚至所有属于我们这一群体的但我们不遵从的习俗，也都是对象。这一系列无尽的小写的对象构成民族志的大写的对象，主体必须忍痛将之从自身剔除（如果说风俗与习惯的多样性不曾向他呈现一种事先已完成的碎片化），然而，在历史中或地域间愈合的伤疤不可能令主体忘却（否则他努力的结果都可能化为乌有）这些对象是源于他自身的，并且对它们的分析，哪怕是以最客观的方式展开，也不可能不恢复它们的主体性。

* * *

　一旦民族志学家投身于这项认同（identification）工作，他就永远不可能摆脱一种悲剧性的风险，这种风险在于受某种误解的伤害，也就是说他所达到的那种主观把握与土著的主观把握没有任何共通之处——除了主体性本身。既然主体性被假定为是不可比较的，不可交流的，那么上述困难将是无法解决的——除非自我与他人之间的对立可以在某个层面被超越，它同时也是客观与主观因素相遇的地方，我指的是无意识。一方面，无意识活动的规律确实总是在主体把握之外（我们可以意识到它们，但仅仅是作为对象），但另一方面，决定主体把握之模式的，恰恰是这些规律。

　因此，坚信社会学与心理学有必要进行密切合作的莫斯，频繁地使用无意识概念，认为它提供了社会事实所特有的以及共同的特征，这完全不令人惊讶。他称："在巫术中，就像在宗教中和在语言学中一样，是无意识的观念在发挥作用。"

这段引文出自莫斯关于巫术的论文，在这篇论文中我们能看到一种新的尝试，它很可能还是不太明确的，这种尝试在于以其他的方式来表述民族学的问题，而不再借助于"我们的语言以及我们的理性的僵硬与抽象的范畴"，它试图将这些问题表述为一种"非知性主义心理"（psychologie non intellectualiste）的问题，这种心理对于我们"欧洲成年人的知性而言很陌生"。如果我们以为在这番努力中能看到莫斯与后来列维-布留尔（Lévi-Bruhl）的前逻辑主义理论不约而同，那么我们就大错特错，莫斯从未接受过前逻辑主义。我们应该在莫斯自己对于"玛纳"（mana）概念所做的尝试中寻找这种努力的意义，莫斯想要以此达到精神的"第四维度"，"无意识范畴"的概念与"集体思想范畴"的概念在这一层面融为一体。

因此，当莫斯早在 1902 年就认识到"总的来说，一旦我们最终接触到关于巫术属性的表象，我们所面对的就是类似于语言的现象"，他是看得非常准的。因为是语言学，尤其是结构语言学，从那时起就令我们熟悉这样一种观点：精神生活的根本现象，那些作为它的前提并决定着它最普遍形式的现象，处于无意识思想的层面。无意识因而是自我与他人之间的介质。通过深入研究它所提供的材料，我们并不是朝着我们自身的方向继续延伸（如果可以这么说的话），而是汇集到这样一个层面：它之所以不对我们显得陌生，并不是因为它藏有我们最隐秘的自我，而是因为（在远为常见的情况下），在并不使我们走出自身的同时，它令我们与那些同时属于我们的又属于其他人的活动形式相遇，这些形式是任何时代任何人的任何心灵生活的前提条件。由此，对于精神活动的无意识形式的把握（这种把握只可能是客观的）还是能够通往主观化，因为归根结底，在精神分析中令我们得以重新征服我们最陌生的自我的，和在民族学调查中令我们像通向另一个我一般通向最陌生的他者的，是同一种类型的操作。在两种情况中所涉及的都是同一个问题：我们有时试图在一个主观**自我**和一个进行客观化的**自我**

之间，有时试图在一个客观**自我**和一个被主观化的**他人**之间，建立交流。并且，在两种情况中，对于实现上述相遇的无意识轨迹（这些轨迹是永久性地在人类精神的固有结构以及在个体或群体的特殊的并且是不可逆的历史中留下的）的最严格意义上的实证研究是成功的前提条件。

民族学的问题因而归根结底是交流（communication）的问题。意识到这一点应该足以令我们彻底地区分莫斯通过将**无意识现象**与**集体现象**相等同而选择的道路以及荣格的道路（而我们本有可能会倾向于以同样的方式来定义后者）。因为将无意识定义为一种集体思想范畴，或是按照我们认为处于无意识中的那些内容是具有个体或集体特征而将其分成不同区域，这不是一回事。在这两种情况中，我们都将无意识视作一个象征体系，然而对于荣格来说，无意识并不能被简化为体系，因为它充满着象征符号，甚至是被象征的东西，后者构成无意识的基质。要么这种基质是先天的，然而如果没有神学假设，那么我们是无法设想经验的内容先于经验的；要么它是后天习得的，然而，一种习得的无意识的遗传性问题就像被习得的生物属性的问题那样棘手。事实上，问题不在于将一种外来的原材料翻译成象征符号，而在于还原出一些东西的象征体系本质，这些东西如果脱离这个体系就只可能变得不可交流。就像语言一样，社会现象是一种独立的现实（而且是同一种现实）；象征符号比它们所象征的东西更现实，能指（le signifiant）先在于所指（le signifié）并且决定所指。我们将在探讨"玛纳"概念时再次遇到这个问题。

《礼物》一文的革命性在于将我们引导到这条路上。它所澄清的那些事实并不是新发现。两年之前，戴维（M. Davy）就曾以博厄斯（Boas）与斯万顿（Swanton）的调查为基础分析并讨论过夸富宴（potlatch），莫斯本人也早在1914年就在他的教学中强调这些调查的重要性，而整篇《礼物》的想法都以最直接的方式来源于同样是出版于两年之前的马林诺夫斯基的《西太平洋上的航海者》。从这部作品出发，在与莫斯的研究没有交集的情况下，马林诺夫斯基后来得出了非常接近莫斯的结论。[1]这些平行得出的结论提示我们，美拉尼西亚的土著们才应该被视作关于相互性（réciprocité）的现代理论的真正作者。那么，编织出《礼物》的那些篇章，它们超凡的力量来自何处呢？它们并不是井然有序的，它们仍然给人草稿的感觉，其中颇为怪异地并存着印象派般的笔记以及富有灵感的博学分析，后者在大多数情况下被束缚于一种批判体系中，它令整个文本不堪重负，这种博学的分析好像是任意地采集着美洲、印度、凯尔特、希腊与大洋洲的材料，但这些材料总是在同等程度上富有说服力。很少有人能在阅读《礼物》时感受不到马勒伯朗士那么生动地描述出的他第一次阅读笛卡尔时所感受到的一系列情感变化：剧烈的心跳，头脑发热，而心灵中侵入了某种尚无法定义但不容置疑的确定性——我们

1　关于这一点，参见马林诺夫斯基在《蛮族社会之犯罪与风俗》（*Crime and Custom in Savage Society*）中所作的一个注释（第41页，注57），纽约—伦敦，1926年。

正在见证科学发展中的一个关键时刻。

这是因为，在民族学思想史上，这是第一次有人试图超越经验观察而抵达更深层的现实。社会现实第一次不再只有孤立的属性（逸事、趣事、可供说教式叙述或博学比较的原材料），而成为一种体系，在这一体系的组成部分之间我们能发现一些连接、对等以及一致关系。变得可以相互比较的首先是社会活动（技术、经济、礼仪、艺术或宗教活动）的产物：工具、手工制品、食品、咒语、装饰、歌、舞以及神话。之所以可以相互比较是因为它们具有这样一个共同特征：它们可以根据特定的模式被转化，而这些模式是可以被分析并归类的，即使当它们显得与特定的价值类型不可分，它们也总是能够被还原于更根本的形式，这些形式是普遍的。另外，这些产物并不仅仅是可比较的，而且常常是可互换的，因为不同的价值可以在同一番行动中相互取代。不仅是这些产物，尤其是这些社会行动本身——无论它们在社会生活的各种事件中（出生、成人、婚姻、契约、死亡或继承）显得多么的多种多样，无论它们所涉及的个体的数量与角色分配（作为接受者、中间人还是馈赠者）具有多大的任意性——总是能被还原为数量更小的活动、群体或个人，在还原之后的最终结果中，我们所能看到的只有一种平衡关系的基本关系项，根据被考察的社会所属的类型，这一平衡以不同的方式被构想并实现。不同的社会类型因而能根据这些固有的特征被定义，并且能够相互比较，因为这些特征不再属于孤立的属性，而在于一些元素的数量与分布方式，这些元素本身在所有的类型中都是恒定的。以雷蒙德·弗思的研究为例（他可能比其他任何人都更好地理解并探索了这种方法所提供的可能性[1]）：在波利尼西亚伴随着联姻的那些无休止的、涉及几十乃至几百人的节庆与礼物，看似令经验描述束手无策，实际上从中可以分析出三十

---

1 雷蒙德·弗思（Raymond Firth）：《我们，蒂蔻皮亚人》（*We, The Tikopia*），纽约，1936 年，第 15 章；《波利尼西亚原始经济》（*Primitive Polynesian Economics*），伦敦，1939 年，第 323 页。

或三十五个馈赠行为（prestations），它们展开于五个家族（lignée）之间，这些家族之间有着稳定的关系，并且这些馈赠能够被分解为 A 家族与 B 家族、A 家族与 C 家族、A 家族与 D 家族、A 家族与 E 家族之间的四个循环往来。所有这些都是对于某种特定社会结构的表达，这一结构使得例如 B 与 C，或 E 与 B 或 D，或 E 与 C 之间的循环是不被考虑的（而另一种社会形式则可能将它们置于首位）。这种研究方式是如此严格，以至于如果在它所获得的公式中出现一个误差，这更有可能应该归咎于对于土著制度的认识不足，而不是出于计算错误。比如，在上述例子中，我们会发现 A 与 B 的馈赠循环始于一番没有还礼的馈赠，这促使我们（如果我们不知情的话）去寻找这样一个先于这些婚礼仪式的行动：它尽管与这些仪式有直接关联，但应该是单方面的。这恰恰就是这个社会中将未婚妻排除于原本家族的行为（abduction）所扮演的角色。第一个馈赠，根据土著自己的术语，是对此的"补偿"。因此，即使它未曾被观察到，我们也本可以推断出它。

我们会注意到这种分析方法与特鲁别茨柯依和雅各布森所奠定的方法非常接近，后者与莫斯的《礼物》同时代，是它创立了结构语言学。在其中同样地也涉及对两个维度的区分：一方面是纯现象的材料，科学研究无法处理它；另一方面是比它更简单的基础结构（infrastructure），它的所有现实性都来自这个结构。[1] 通过"可选变体"（variantes facultatives）、"组合变体"（variantes combinatoires）[2]、"构成音位群的项"（termes de groupe）以及"中和"（neutralisation）[3] 这些概念，音位学分析正是要用为数不多的一群恒定关系

1　特鲁别茨柯依（Troubetzkoy）：《音位学原理》（*Principes de Phonologie/Grundzüge der Phonologie*），1939 年，以及由冈蒂诺（J. Cantineau）翻译的该书法语版的附录中的雅各布森的文章，巴黎，1949 年。

2　根据特鲁别茨柯依与雅各布森，语言的最小单位并非不同的语音，而是在数量有限的对立关系中所形成的"音位"，它们并不对应固定的发音，"变体"指同一个音位可能有的不同发音。"可选变体"指并不具有强制性的发音变化，"组合变体"指同一个音位因为位置不同而必然具有的不同发音。译者注。

3　指在特定的位置上，令两个音位相互对立的那个特征被取消，这两个音位在这个位置上因而不被区分。这个位置被称为中和位置（position de neutralisation）。译者注。

来定义一门语言，语音体系表面上的多样与复杂只是在呈现出这门语言所允许的组合方式的范围内。

正如音位学开创了语言学的新纪元，《礼物》开创了社会科学的新纪元。这番双重创举的重要性（遗憾的是它在莫斯那里停留在了雏形的状态）相当于组合分析对于现代数学思想的重要性。莫斯从来没有将自己的发现诉诸运用，他因而在并非故意为之的情况下令马林诺夫斯基（我们可以承认，他的观察能力要胜于理论能力，这并不是在抹黑关于他的记忆）在同样的事实以及他们二人独立达成的非常类似的结论的基础上，单独投身于这些事实所对应的体系的制作中，这是当代民族学的一大不幸。

很难知道莫斯本会在哪个方向上发展他的学说——如果他曾愿意去发展它的话。他最后的作品之一，同样收录于本文集的《人格的概念》的最主要意义，与其说在于其论证方式（我们可能会觉得其论证是粗枝大叶的），不如说在于文中所呈现的如下倾向：将《礼物》根据共时现象所设想的一种置换技术（technique de permutation）扩展到历时的维度中。不管怎么说，莫斯很可能在推进上述体系制作的过程中遇到了一定的困难，下文中我们会看到为什么。但他肯定不会像马林诺夫斯基那样赋予体系以退化的形式。在马林诺夫斯基那里，"功能"概念（莫斯是以代数为例设想"功能"[fonction]，这意味着社会价值**根据**[en fonction de]彼此才是可识别的）转变为一种天真的经验主义的概念，最终仅仅表示一个社会的习俗与制度对这个社会所发挥的实际作用。当莫斯在一些现象之间建立**稳定的关系**（用这种关系解释这些现象），马林诺夫斯基却只想知道**它们有什么用**，以此来寻找它们存在的理由。这种提问方式抹杀了所有先前取得的进步，因为它重新引进了一整套没有科学价值的预设。

相反，莫斯的提问方式是唯一站得住脚的，这一点得到了社会科学最新发展的验证，这些发展令人对社会科学的数学化抱有希望。在某些关键的领域，例如亲属关系的领域，莫斯坚定不移地肯定下来的与语言之间的类同使我们得以发现交换循环在任何一个社会里得以形成的确切规则，这些循环的机械规律已经为我们所知，这令我们能在一个看似从属于最彻底的任意性的领域中展开演绎推理。另一方面，通过与语言学建立越来越密切的联系，以便有一天与它一起建立一门宏大的交流科学，社会人类学可以抱有这样的希望：通过将数学推理运用到对交流（communication）现象的研究，而共享那些向着语言学本身所敞开的巨大前景。[1] 今天我们已经知道，大量的民族学与社会学问题，要么是在形态学的层面，要么甚至是在艺术与宗教的层面，正等待着数学家们在与民族学家的合作之下帮助民族学家完成那些具有决定性的进展——即使不是朝着某种解答，至少也是朝着某种预先的统一工作，这是它们获得解答的前提。

1　诺伯特·维纳（Noebert Wiener）：《控制论》（*Cybernetics*），纽约与巴黎，1948 年。香农（C. E. Shannon）和沃伦·韦弗（Warren Weaver）：《通信的数学理论》（*The Mathematical Theory of Communication*），伊利诺伊大学出版社，1949 年。

第三章

因此，当我们试图知道为什么莫斯在濒临这些巨大可能性时却止步不前，就像摩西将他的人民带领到上帝应许的圣地，自己却不曾见到其光辉，我们并不是出于一种批判的态度，而是受到一种职责的驱使，这种职责在于不使莫斯思想的最有生命力的那部分失传或中断。一定是有什么地方，有关键的一步，莫斯没能跨越，而这很可能可以解释为什么20世纪社会科学的新工具（novum organum）在他那里从来都只是以碎片的形式呈现——而我们本可以期待由他来发明这个新工具，因为他持有所有的线索。

《礼物》的论证过程中有一个奇怪的环节能

帮助我们找到困难所在。在文中，引导着莫斯的似乎是一种逻辑确定性，他确定**交换**（l'échange）是大量社会活动的公约数——尽管它们看上去彼此异质。他这样认为是有道理的。然而，这个交换，莫斯无法在事实中看到它。经验观察并不向他提供交换，而像他自己所说的，仅仅提供"三个义务：送礼、收礼与还礼"。他的整个理论因而都在主张一种结构的存在，但是经验只提供这个结构的片段，它分散的肢体，或者毋宁说是它的诸元素。如果说交换是必要的，而它并不是现实中既有的，那么就必须建构出它。如何建构？通过在孤立的物体（只有它们是在场的）上施加一种能综合它们的能量来源。"我们可以……证明在被交换的东西里……存在着一种效力，它迫使礼物流通、被送、被还。"然而，困难恰恰从这里开始。这种效力是否客观存在，就好像它是被交换的财富的某种物理属性？显然不是。另外这也是不可能的，因为这些财富不仅仅是物体，而且还有头衔、债务、特权，然而，它们所扮演的社会角色与物质财富是一样的。因此，那个效力必须在主观上被设想。但是这样一来，我们面临着一种两难：要么这个效力就是交换行动本身，就像土著思想所认为的那样，我们因而被困于无限循环中；要么它属于另一种本质，并且相对于它而言，交换变成了一种次要的现象。

唯一能走出上述两难的方法，本应该是意识到构成原初现象的是交换，而不是离散的操作——是社会生活将交换分解成这些离散的操作。在这里就像其他地方一样，但在这里尤其应该运用莫斯自己在《巫术的一般理论概要》中已经有所表述的那个原则："统一的总体比每一个组成部分都更真实。"相反，在《礼物》中莫斯执着于用组成部分重建一个总体，并且，既然这很明显是不可能的，他必须在这个混合体中添加一种额外的量，给他一种计算无误的错觉。这个量，就是"豪"（hau）[1]。

1　毛利语中的"神灵"和"灵魂"概念。在《礼物》中，莫斯称"豪"为毛利法律中的重要概念，它尤其解释还礼的义务：礼物的"豪"总是想要回到自己的发源地。译者注。

在这里，我们难道不是遇到了这样一种情况（它并不那么罕见）：民族学家任由自己受到土著的蒙蔽？诚然这不是普遍意义上的土著（那是不存在的），而是一个特定的土著群体，已经有研究者注意过这一群体，提出过关于他们的问题并试图解决。而莫斯在这里没有将他自己的原则运用到底，他放弃了自己的原则，转而青睐一种新西兰土著的理论，这个理论作为民族学资料具有巨大的价值，但是它只是一个理论。有一些毛利哲人首先提出了一些问题，并且以万分有趣的，但非常不令人满意的方式去解决这些问题，这并不构成我们采纳他们的解释方式的理由。"豪"并不是交换的最终原因，它是一个既定社会（在这个社会中这个问题具有特殊的重要性）中的人对于一种不被意识到的必要性的有意识的理解形式，但是这一必要性的原因另有所在。

因此，恰恰是在最关键的一刻，莫斯突然产生了犹豫与顾虑。他不再确定自己应该对土著理论作出描述，还是应该建构关于土著现实的理论。

他在很大程度上有道理的地方在于：较之某种根据我们的范畴以及我们的问题所建构的理论，土著理论与土著现实处于一种直接得多的关系中。因此，就一个民族志问题而言，从关于它的新西兰理论或美拉尼西亚理论出发去着手处理它，而不是借助像泛灵论、神话或互渗（participation）[1]这样的西方概念，这在莫斯写作《礼物》的时候，是一个巨大的进步。但是，不管是土著的还是西方的，理论永远都只是理论。它至多是提供一个入口，因为当事人所相信的——无论他们是火地岛人还是澳大利亚土著，总是与他们实际上所想的和所做的离得很远。在勾勒出土著观念之后，必须通过一种客观的批判工作对它进行还原，这种工作令我们能够达到潜在的现实。然而，潜在的现实不太可能出现于有意识的理论建构的层面，而更多地是出现于无意识的心灵结构中，我们能通过制度，甚至还有更好的方式，即通过语言，

1　列维-布留尔用来界定原始的、前逻辑的思维方式的术语，指不同的人、事物及其不同的组成部分之间可以相互传递同一种本质的想法。译者注。

来达到它们。"豪"是土著思考的产物，但现实在某些语言特征中体现得更为明显，莫斯注意到了它们，却没有赋予它们以足够的重要性："巴布亚人与美拉尼西亚人，"他称，"只有一个词语来指称买与卖，借出与借入。相反的操作被用同一个词语来表达。"这恰恰证明：这些操作远远不是"相反"的，而只是同一个现实的两个模式。我们不需要"豪"来完成综合，因为反题并不存在。它是民族志学家的主观幻觉，有的时候也是土著人的——当他们对自己进行理性思考（这种思考是经常发生的），并变成民族志学家或更确切地说社会学家，也就是说变成能与我们自由讨论的同事。

我们努力在不借助巫术概念或情感概念的情况下重构莫斯的思想，因为这些概念的参与在我们看来是多余的，对那些因此而指责我们将他的思想往过于理性主义的方向上靠拢的人，我们会回应说，推动着《礼物》全文的，将社会生活理解为一个体系的那种努力，在莫斯职业生涯的一开始，在本文集的第一篇论文《巫术的一般理论概要》中，就是他明确对自己作出的规定。是莫斯，而不是我们，确定了将巫术行为理解为一种判断的必要性。是他在民族志批判中引入了一个根本的区分：分析判断与综合判断的区分。这一区分在哲学上起源于关于数学概念的理论。既然如此，我们难道没有理由说：如果莫斯当时有条件以不同于经典逻辑的方式来考虑判断的问题，并以关系逻辑（logique des relations）的方式来表述它们，那么，随着系动词所扮演的角色本身的崩塌，那些在莫斯论证过程中充当系动词的概念（他明确地说："玛纳在命题中扮演着系动词的角色"）也本会一起崩塌？这些概念就是巫术理论中的"玛纳"以及礼物理论中的"豪"。

* * *

事实上，时隔二十年，《礼物》的论证方式（至少是在开头）是对于《巫术的一般理论概要》的复制。仅这一点就足以证明后者在本文集中应有的一席之地。我们必须考虑到这篇文章完成得很早（1902年），才不至于对它作出不公正的评判。在那个年代，大部分的比较民族学都还没有放弃一种特定的比较方式，莫斯本人当时也如此主张。后来他在《礼物》中这样说道："这种一成不变的比较使一切都混淆在一起，社会制度在这种比较之下失去地方色彩，资料失去风味。"仅仅是在后来，他才将注意力集中于这样的社会：它们"真的代表着极致和过渡，它们使我们更好地看到那些在其他社会中尽管同样重要但仍然处于微小且尚未展开状态的事实"。然而，为了理解莫斯的思想历程，为了提炼出其"常数"，《概要》具有特殊的价值，并且这不仅是就莫斯思想的睿智而言，而且也是就法国社会学派的历史，以及莫斯思想与涂尔干思想之间的确切关系而言。通过分析"玛纳"、"瓦坎"（wakan）及"奥兰达"（orenda）这些概念，通过在它们的基础上建立一套关于巫术的整体诠释，以此方式通达他所认为的人类精神的根本范畴，莫斯提早十年给出了《宗教生活的基本形式》的结构与部分结论。《概要》因此证明莫斯对于涂尔干的思想作出了多么重要的贡献，它令我们对甥舅之间的密切合作有更好的了解，这一合作并不仅限于民族志的领域，因为我们在其他作品中还了解到莫斯在《自杀论》的准备工作中所扮演的关键角色。

但是我们在这里尤其关心的是《概要》的逻辑结构。整篇论述都建立在"玛纳"概念之上，并且我们知道，在这部作品之后，在"玛纳"这座桥下流淌过很多河水。为了跟上水流，必须首先为《概要》补充田野调查以及语言学分析所获得的那些最新结果。[1] 还必须补全"玛纳"的不同类型，

1 霍卡（A. M. Hocart）：《玛纳》（Mana），《人》（*Man*）， 第 46 期，1914 年；《再论玛纳》（Mana Again），《人》，第 79 期，1922 年；《自然的与超自然的》（Natural and Supernatural），《人》，第 78 期，1932 年。霍格宾（H. Ian Hogbin）：《玛纳》，《大洋洲》（*Oceania*），卷 6，1935—1936 年。卡佩尔（A. Capell）：《"玛纳"一词：一项语言学研究》，（The Word « Mana »：A Linguistic Study），《大洋洲》，卷 9，1938 年。弗思：《玛纳分析：一种经验进路》（The Analysis of Mana：An Empirical Approach），《波利尼西亚社会学报》（*Journal of the Polynesian Society*），卷 49，1940 年；《一项对玛纳的分析》（转下页）

在这个已经是巨大的，而且并不是很和谐的大家庭中添加南美土著社会中的一种非常常见的概念，它是一种实体性的"玛纳"，在大多数情况下起到负面作用：它是萨满所操控的一种流质，它以一种可观察到的形式停留在物体上，促使物体移动和悬浮，它的行动一般被视作是有害的。希瓦罗（Jivaro）人的"擦鲁玛"（tsaruma），我自己研究过的南比克瓦拉（Nambikwara）人的"南德"（nandé）[1]，以及在安尼亚帕（Amniapâ）、阿帕波库瓦（Apapocuva）、阿皮纳耶（Apinayé）、

（接上页）（An Analysis of Mana），《波利尼西亚人类学研究》（*Polynesian Anthropological Studies*），第189—218页，惠灵顿，1941年。帕尔默（G. Blake Palmer）：《玛纳，一些基督教与伊斯兰教的类比》（Mana, Some Christian and Moslem Parallels），《波利尼西亚社会学报》，卷55，1946年。施内普（G. J. Schneep）：《玛纳概念》（El Concepto de Mana），《人类学学报》（*Acta Anthropologica*），卷II，第三期，墨西哥，1947年。马林诺夫斯基：《巫术、科学与宗教》（*Magic, Science and Religion*），波士顿，1948年。

1 列维-斯特劳斯：《南比克瓦拉印第安人的家庭与社会生活》，（*La Vie familiale et sociale des Indiens Nambikwara*），研究美洲印第安人的学者协会（Société des Américanistes），巴黎，1948年，第95—98页。

加勒比（Galibi）、奇基托（Chiquito）、拉米斯托（Lamisto）、查米库罗（Chamicuro）、黑贝罗（Xebero）、亚梅奥（Yameo）、伊基托（Iquito）群体中被注意到的类似的形式，都属于这种类型。[1] 在作出这些补充之后，"玛纳"概念在什么意义上仍然有效呢？这很难说，但无论如何，它会被世俗化（profanée）。我的意思并不是说，莫斯与涂尔干将来自世界上相离甚远的一些地区的概念放在一起，并将它们建构为一种范畴，这样做，像有些人所声称的那样，是错误的。即使历史能印证语言学分析，即使波利尼西亚语言中的"玛纳"一词源于印度尼西亚语中一个古老的、用来定义个人神（dieux personnels）的词

---

1 阿尔弗雷德·梅特罗（Alfred Metraux）：《南美热带地区印第安人对于疾病的巫术解释及治疗》（La causa y el tratamiento mágico de las enfermedades entre los indios de la Region Tropical Sud-Americana），《美洲土著》（*America Indigena*），卷4，墨西哥，1944年；《南美热带印第安人的萨满教》（Le Shamanisme chez les Indiens de l'Amérique du Sud tropicale），《美洲学报》（*Acta Americana*），卷II，第3期和第4期，1944年。

语，在美拉尼西亚与波利尼西亚地区由"玛纳"所表达的那个**概念**完全不因此而只是某种更完善的宗教思想的残留物或遗迹。尽管存在着各种地方差异，但"玛纳""瓦坎""奥兰达"看起来确实代表着同一种类型的解释，因此，构建出这种类型，试图将它归类并分析它，是完全正当的。

在"玛纳"问题上，传统立场所处的困境在我看来具有完全不同的实质。与1902年大家所相信的相反，"玛纳"类型的观念是如此常见且如此广泛，以至于我们应该考虑这样的可能性：我们所面对的是一种普遍并且恒常的思想形式，它远远不是某些文明的特征，或人类精神进化过程中的某些所谓原始或半原始（archaïques ou mi-archaïques）"阶段"的特征，而应该与精神面对事物时的某种特定处境相关，它因而在这种处境每一次出现时都会出现。莫斯在《概要》中引述了塔弗内（Thavenet）神父关于阿尔衮琴（Algonkin）人的"玛尼都"（manitou）概念的深刻观察："……它在更特定的意义上指任何一个还没有通名，不为人熟悉的存在。有一个女人对一条鳅感到害怕，她说它是一个'玛尼都'，人们告诉她这叫什么并取笑她。商人所倒卖的珍珠被称为一个'玛尼都'的鳞片，而呢绒毯这种珍奇的东西被称作一个'玛尼都'的皮。"同样，印第安图比-卡瓦希布（Tupi-Kawahib）人中第一个被半文明化的群体（1938年，我们是在他们的帮助下进入这个部落的一个未知村庄）在赞叹我们送给他们的红色法兰绒布时高喊道："O que é esto bicho vermelho?"意思是："这头红色的野兽是什么？"这既不见证某种原始的泛灵论，也不是对于某种土著观念的翻译，而仅仅是巴西内陆的葡萄牙语土话（falar cabóclo）中的一个习语。反过来，在1915年前从未见过牛的南比克瓦拉人，用他们一直以来称呼星辰的名称，即"阿塔苏"（atásu），来称呼牛，它的内涵非常接近阿尔衮琴语里的"玛尼都"。[1]

1　列维-斯特劳斯：《南比克瓦拉印第安人的家庭与社会生活》，同前，第98—99页；《图比-卡瓦希布人》（The Tupi-Kawahib），载《南美印第安人手册》（*Handbook of South American Indians*），华盛顿，1948年，卷3，（转下页）

这些相似的表述其实并没有什么离奇之处，当我们将一个未知的物品、用途不清的物品或一个效力令我们感到惊讶的物品称为"truc"或"machin"[1]，我们可能在态度上更谨慎一些，但这些称呼属于同一种类型。在"machin"背后，有"machine"（机器），更远还可以追溯到力量的观念。至于"truc"，词源学家认为它来自中世纪的一个词语，指的是考验灵敏度的游戏或博彩游戏中的幸运一举，也就是那个印度尼西亚词语被赋予的确切含义之一——有些人认为它是"玛纳"一词的起源。[2] 我们诚然不说某物有"truc"

（接上页）第 299—305 页。

我们可以与达科他（Dakota）人进行比较，根据他们的神话，第一匹马是由闪电带来的，他们这样描述这匹马："闻起来不像一个人，我们认为它可能是条狗，但它比能载重的狗更大，因此我们称它'sunka wakan'，意思是神秘的狗。"引自贝克威思（M. W. Beckwith），《奥格拉拉达科他人的神话》（Mythology of the Oglala Dakota），《美国民俗学报》（Journal of Armerican Folklore），卷 XLIII，1930 年，第 379 页。

1　法语中的 truc 和 machin 相当于汉语中的"东西""玩意儿"。译者注。

2　关于"玛纳"一词的演变，参见卡佩尔，同前。

或"machin"，但我们会说一个人"有点东西"，而当美国俚语称一个女人有"魅力"（oomph），并且如果我们考虑到性生活在美国比在其他地方都更沉浸于一种神圣且充满禁忌的氛围中，那么我们离"玛纳"概念似乎也并没有多么遥远。差异并非如此多地来自概念本身——它们在所有的地方都是在无意识层面被精神所打造的；差异在于：在我们的社会中，这些概念具有灵活与自发的特征，而在其他社会中，它们被用来建立反思的与正式的解释体系，即我们自己为科学所保留的那个角色。然而，这些概念类型总是并且到处都发挥着一种有点类似代数符号的作用，即被用来代表一种未定的表意值（valeur indéterminée de signification），它本身是没有意义的，因而可以获得任何意义，它唯一的功能在于填补能指与所指之间的一种差距，或者更确切地说，在于标志出这样一个事实：在某种情景，某种场合，或在它们的某次呈现中，能指与所指之间会产生一种不相符的关系，这有损于它们先前的互补关系。

我们所采取的路径与莫斯将"玛纳"概念称为某些先天综合判断的基础时所采取的路径是非常接近的。然而，当他要在这个概念所建构的那些关系之外的其他现实层面寻找它的起源，我们拒绝追随他的脚步。莫斯到情感、意愿与信仰的层面去寻找"玛纳"概念的起源，从社会学解释的角度来看，这些要么属于附带现象，要么是谜团，不管怎样都是外在于研究领域的。在我们看来，这就是这一如此丰富、如此锐利、如此充满灵感的研究，最终会戛然而止，并以令人失望的结论收尾的原因。归根结底，"玛纳"只是"对社会情感的表达，这些社会情感时而注定地和普遍地，时而意外地形成于某些事物之上，这些事物大多是被任意选择的……"[1]。然而，"情感""注定""意外"以及"任意"，这些不是科学概念。

1　尽管莫斯将社会现象与语言相类比的做法是具有决定性的，这种做法在某个问题上将使社会学思考陷入困境。上述引言中所表达的观点确实能够援引一条语言学原则来证明自己，这条原则长期被视作索绪尔语言学不可攻克的堡垒，它是语言符号的任意（arbitraire）本质。然而在今天，没有任何立场比它更急需被超越了。

它们并不能澄清我们想要解释的现象，它们是参与到这些现象中的组成部分。我们因而看到，至少在一种情况中，"玛纳"概念具有涂尔干与莫斯所赋予它的特征，即隐藏的能力及神秘的力量：这是它在他们自己的体系中所扮演的角色。在这个体系中，"玛纳"确实是"玛纳"。但与此同时，我们会产生这样的疑问："玛纳"观念在他们的思想中被要求占据的那个非常特殊的位置意味着它具有一些特定的属性，而他们的"玛纳"理论是否只不过是将这些属性强加到土著思想上？

有一些真心仰慕莫斯的人，他们倾向止步于莫斯思想的第一个阶段，并且不是去认可他的清醒的分析，而是去认可他恢复某些土著理论（其奇特性与真实性）的非凡才华。这些仰慕者，我们再怎么提醒他们都不为过，因为莫斯自己是永远不会到这种沉思冥想之中去为某种摇摆不定的想法寻找懒惰的庇护所的。如果我们满足于莫斯思想历程中仅仅属于准备工作的那些内容，那么我们有可能令社会学走上一条危险的道路，而如果我们再往前迈一步，并将社会现实简化为人（哪怕是野蛮人）对于社会事实的构想，那么这简直会酿成社会学的彻底失败。另外，如果这种构想的反思特征被遗忘，那么它会变得空无意义。民族志将会消失于一种废话连篇的现象学中，后者是一种假装出一派天真的混合物，土著思想看似的混沌不清在其中得到强调，而这实际上只是为了掩盖民族志学家自己的混淆不清——否则它会变得过于明显。

在克服了我们就"豪"所已经注意到的那种模棱两可之后，我们完全可以将莫斯的思想向着另一个方向延伸：《礼物》将会指明的那个方向。因为如果说"玛纳"出现于《概要》的尽头，"豪"幸好仅仅出现于《礼物》的开头，并且整篇《礼物》都将它当作一个起点，而不是终点。当我们回过来将莫斯指导我们对交换所采取的那个观点用于"玛纳"概念，我们会获得什么结果呢？必须承认，像"豪"一样，"玛纳"仅仅是没有被察觉到的对于总体性要求的主观反思。交换不是在某种神秘的情感水泥的帮助下，用送礼、收礼和还礼所建构起来的复杂建筑。它是一个立刻被提供给象征思想，立刻被象征思想所给出的综合，在交换中就像在其他的交流形式中一样，象征思想需要克服它所固有的矛盾，这一矛盾在于这样来看待事物：同时在它们与自我及与他者的关系中将它们视作对话的元素，它们因其本质而注定要在两者之间相互传递。至于它们到底**属于前者**还是**属于后者**，这相对于最初的关系特征而言是一个衍生的状况。但是对于巫术而言难道不是一样的吗？在制造烟雾来呼风唤雨的行为背后所蕴含的巫术判断并不建立在烟与云的原初区分之上（通过召唤"玛纳"可以将它们彼此结合在一起），而是建立在这样一个事实之上：在思想的更深层，烟与云被等同，前者就是后者（至少是在某种关系中），并且是这种等同为后来的结合提供理由，而不是相反。所有的巫术操作都建立在对于某个统一体的恢复之上，它不是消失了（因为没有任何东西曾经消失），而是不被意识到，或至少不像这些操作那样是完全被意识到的。"玛纳"的概念不属于现实的领域，而属于思想的领域——思想，即使当它在思考自身的时候，也从来都只是思考一个对象。

只有在象征思想的这个关系特征中，我们才能找到对于我们问题的解答。无论在动物历史的长河中，语言出现于哪个时刻与背景，它都只可能是一下子就产生的。事物并不是循序渐进地开始表意的。在某个转型之后（对于它的研究不属于社会科学，而属于生物学与心理学），这样一种过渡得以实现：从一个没有任何东西是有意义的阶段，到一个所有的东西都有意义的阶段。这个说法看似平平无奇，实则很重要，因为这一彻底的变化在认识的领域中没有对等物，认识是缓慢地、循序渐进地被建立起来的。换言之，在整个宇宙一下子变得**具有意义**的同时，它并不因此就得到了更好的**认识**——尽管语言的出现确实加快了认识发展的节奏。因此，在人类的精神史中存在着一个根本对立：一方面是有着间断特征的象征机制，另一方面是有着连续特征的认识。结果是什么呢？能指与所指这两个范畴是同时并以相互关联的方式构成的，就像两个相辅相成的整体，然而认识，也就是说令我们得以将能指中的某些部分与所指中的某些部分相互等同的那个知性进程，甚至可以说是令我们得以在能指整体与所指整体中选择那些彼此呈现出最令人满意的契合关系的部分的那个进程，它的启动非常缓慢。这一切的发生就好像人类一下子获得了一个巨大的领地及其明细的地图，以及这两者之间的相互关系，但需要花上几千年去学会地图上的哪些特定的象征符号代表领地上的哪些不同地貌。世界开始表意远远早于我们开始知道它表达的是什么意思。这一点很可能是不言自明的。然而，从上文的分析中我们还可以得出一个结论：世界从一开始就对人类能指望了解的所有东西的总体进行了表意。所谓的人类精神的进步，或至少是科学知识的进步，向来只不过是并且永远只可能是在一个封闭的并且与自身互补的总体中校正划分方式、进行分类、界定从属关系以及发现新的资源。

我们看似离"玛纳"很远，实际上它近在咫尺。因为尽管人类向来都拥有巨量的实证知识，尽管不同的人类社会都多多少少已经在努力维系并发展这些知识，但毕竟是在一个非常晚近的时期，科学思想才开始占领主导的地位，才出现了这样一些社会形式：它们的知性与道德理想，以及它们作为社会有机体所追求的行动目标，都是围绕着科学知识组织起来的，科学知识被以正式及反思的方式选择为参照中心。这种差别是程度上的，而不是本质上的，但它确实存在。我们因而可以料想到，在非工业社会与我们的社会中，象征机制与认识之间的关系保留着一些共同特征，但与此同时这些特征并不同样显著。承认从现代科学诞生开始并且在其扩张的边界之内，根据所指去重新分配能指的那种工作是以更有条理的方式被展开，这并不是在两种社会之间建造一道鸿沟。尽管有此差别，但有一种根本的，属于人类本质状态的情况，在其他所有社会中都存在着并且在我们自己的社会中也持续存在（并很有可能还要存在很久）。这种情况是，人类从一开始就拥有一套完整的能指，但将它与一套所指相匹配却是一件棘手的事情，所指被给予，却并不因此被认识。在两者之间总是存在着不符，只有对于神的知性而言这种不符才是可消解的，它的结果是能指相对于能与它们结合的所指的过剩。因此，人类在试图理解世界的过程中，总是拥有多余的意义（人类根据象征思想的规律将这些多余的意义分配给事物，这些规则应该由民族学家及语言学家研究）。对于多余份额的分配（如果我们可以这么说的话）是绝对有必要的，这样人们所能使用的能指与经过辨认的那些所指才能彼此维系在互补的关系中，这一关系正是象征思想得以展开的前提。

我相信，"玛纳"类型的概念，无论它们有多么多样，就它们最普遍的功能而言（我们看到，这一功能在我们的思维方式以及我们的社会形式中并没有消失），恰恰代表着这一**漂浮的能指**（signifiant flottant），所有有限的思想都要遭受它的束缚（但同时它也是所有的艺术、所有的诗、所有的神话与美学创作的保证）——尽管科学认识就算不能阻断它，也至少能部分地遏制它。此外，巫术提供了其他的疏导方法，获得的是其他的结果，而所有这些方法完全可以共存。换言之，当我们接受莫斯的告诫而认为所有的社会现象都可以被同化为语言现象，我们在"玛纳""瓦坎""奥兰达"以及其他同一种类型的概念中看到的是对于某种语义功能的有意识的表达，这种功能在于令象征思想尽管包含自己特有的矛盾但仍然能够运作。由此就能解释那些与此类概念相关的，看上去无解的悖论，它们曾经令民族志学家如此惊异，是莫斯对它们作出清楚的揭示：既是力又是行动；既是质又是状态；同时是名词、形容词与动词；既是抽象的又是具体的；既是无所不在的，又是可以有确定位置的。确实，"玛纳"同时是所有这些，但这难道不恰恰是因为它什么也不是？它是单纯的形式，或更确切地说，处于纯粹状态的象征符号，因此可以承载任何象征内容。在象征体系（每一个宇宙论都构成这种体系）中，它只是一个价值为零的象征符号（une valeur symbolique zéro），也就是说，它是这样一个符号：

它标示出在所指已经承担的象征内容之外再添加象征内容的必要性，但这个符号可以具有任何价值的前提是它仍然是可用储备中的一部分，而尚未变成音位学家所说的那种"构成音位群的项"[1]。

上述观点在我们看来是严格忠实于莫斯思想的。事实上，这就是将莫斯的观点从他原本的类逻辑（logique de classes）的表述翻译成象征逻辑的表述，后者概括语言最普遍的规律。这项翻译不是我们的创举，也不是某种对于最初观点随意解释的结果。它仅仅反映出心理与社会科学在最近三十年间所发生的客观演变，莫斯学说的价

1　语言学家们已经作出过这类假设。例如："一个零度音位（un phonème zéro）……对立于法语中的所有其他音位，因为它没有任何区分性特征，没有任何恒定不变的语音价值。但是，零度音位特有的功能是与音位的缺失相对立。"雅各布森与洛茨（J. Lotz）：《关于法语音位模式的笔记》（Notes on the French Phonemic Pattern），《词》（Word），卷5，第2期，纽约，1949年，第155页。

　　同样，如果要对我们在这里提出的想法进行概括的话，我们可以说，"玛纳"类型的概念的功能在于与意义的缺失相对立，但与此同时自身并不具有任何特定的意义。

值在于它是这一演变的最早的体现，并且在于它对之做出了很大的贡献。莫斯确实是最早指出传统心理学与逻辑学不足的人之一，通过揭示其他的，看似"对于我们欧洲成年人的知性而言很陌生"的思想形式，他令这些传统心理学与逻辑学的僵硬的框架四分五裂。在他写作之时（我们要记得关于巫术的论文写作于弗洛伊德在法国完全不为人知的时代），这种对其他思想形式的发现几乎只可能以否定的形式表达——借助一种"非知性主义心理"。然而有朝一日，这种心理可以被表述为是以其他方式属于知性主义的，是对于人类思想规律的普遍化表达（不同社会背景下的特殊表现只是思想的不同模态），对此，没有人比莫斯更有理由欢欣鼓舞。这首先是因为，正是《礼物》规定了上述任务所应该使用的方法；其次并且尤其是因为，莫斯本人规定了民族学的根本目标是为扩大人类理性做贡献。他因而早已为了人类理性而要求我们去到那些昏暗地带去发现所有尚未被发现的东西，在这些地带中有着难以接近的心灵形式，它们因为同时被埋藏于世界最遥远的边际和我们思想最秘密的角落，而常常只是在被折射到某种模糊的情感光环上时才被察觉到。然而，莫斯毕生都执着于孔德的教诲，它频繁地出现于此文集中。根据这一教诲，心理生活只可能在两个层面获得意义：社会的层面——它是语言；或者生理的层面，也就是说生命的必然性的另一种形式，这一次它是无声的。没有其他的表述能比以下这段话更忠于莫斯自己的深刻思想，更好地为民族学家规划出他们作为人类星座天文学家的任务，这段话凝聚着我们的人类科学的方法、手段以及最终目的，所有的民族学机构都可以将它铭刻于自己的大门上："首先，必须建立一份清单，它尽最大可能收录所有的范畴；必须以我们所能了解到的，人们已使用过的那些范畴为出发点。到那时，我们将看到，在理性的苍穹中还有很多死去的、或苍白或昏暗的月球。"[1]

---

1 出自莫斯《心理学与社会学的实际及实用关系》一文的附录。译者注。

我思，我读，我在

Cogito, Lego, Sum